想不到胜过不知道

如何讲出一个让人欲罢不能的视频故事

张四新　著

中国广播影视出版社

图书在版编目（CIP）数据

想不到胜过不知道：如何讲出一个让人欲罢不能的
视频故事／张四新著．－－北京：中国广播影视出版社，
2021.4
ISBN 978-7-5043-8556-7

Ⅰ．①想… Ⅱ．①张… Ⅲ．①视频制作 Ⅳ.
① TN948.4

中国版本图书馆 CIP 数据核字 (2020) 第 257744 号

想不到胜过不知道：如何讲出一个让人欲罢不能的视频故事

作　　者	张四新	
责任编辑	宋蕾佳	
责任校对	龚　晨	
装帧设计	嘉信一丁	

出版发行　中国广播影视出版社
电　　话　010-86093580　010-86093583
社　　址　北京市西城区真武庙二条 9 号
邮　　编　100045

经　　销　全国各地新华书店
印　　刷　涿州市京南印刷厂
开　　本　880 毫米 ×1230 毫米　1/32
字　　数　99(千) 字
印　　张　6.875
版　　次　2021 年 4 月第 1 版　2021 年 4 月第 1 次印刷
书　　号　ISBN 978-7-5043-8556-7
定　　价　25.00 元

推荐语

　　就内容创作来说，质量的提升与创意的涌现很大程度上取决于创作者对内容规律及媒介特性的理解和认知程度，缺少了这个前提，热情再高，想法再多，也难以生产出高质量的作品。本书以如何讲好故事为出发点，梳理出了视频内容创作中应该注意的问题和需要厘清的事项，并提出了自己的见解和主张，既富含价值，又通俗易懂，会给从业者带来很好的启发。

　　　　胡正荣　国务院学位委员会新闻传播学学科评议组召集人

　　本书在全民视频时代为读者提供了一条讲好视频故事的速成之路，之所以是速成，是因为书中涉及的多是实际创作过程中遇到的真实问题和困惑，厘清了这些问题，视频创作者就会少些障碍沟坎，多些手艺"武艺"，用声画讲述的故事也会更有吸引力、更有生命力。

　　　　　　　　　　梁红　中央广播电视总台纪录频道总监

随着人工智能技术、5G 技术以及互联网技术的持续创新和发展，视频将继续扩大在人际交往中在各类媒介的比重。本书既是用视频讲好故事的方法论，也是有志于从事这个专业工作人员的实用手册，同时又从人的内心深度诉求和喜好分析支撑了方法论，值得学习和参考。

龚宇　爱奇艺创始人、CEO

想不到胜过不知道

　　所有对注意力的争夺本质上都是对时间的争夺，由于视频故事是将内容和逻辑嵌入了线性的叙述过程当中，这就使得观看具有了某种自觉的强制性，因为你如果不看完整，很可能就会云里雾里，搞不清来龙去脉。又因为视频通常是靠呈现去产生感受和体会，而不是直接告诉，因此也就会耗用人们更多的时间成本。所以在视频故事的观看上，人们会比其他故事文本更加挑剔，只有那些让人眼前一亮的内容和表现才会让人心动，余下的都会被忽略，成为既无传播力又无影响力的尴尬存在。这种情况对于长视频是如此，中视频和短视频也是一样，虽然视频越短人们观看就越随意，也越会忽略时间上的付出，但在海量视频包围下，注意力最终还是要向头部内容聚拢的，因为这样最经济、最有效率，于是就会越来越形成赢者通吃的局面。所以我们说，在真正的市场竞争下，视频故事的创作生产是一个高风险、高收益的行当，其生存状况是和头部地位紧密绑定的，只有那些让人欲罢不能的故事才会既有影响又有收益，余下的都是自我抒情、自娱自乐。

所有文本的故事道理都是相同的，想要吸引人，就最好让内容和表现处在情理之中、意料之外的状态里，让故事的呈现过程充满参与感和获得感。想不到胜过不知道，好故事的秘密就在于能够适度超越受众的认知水准，既丰富和深化了他们对事物的感受和理解，又不致太过艰深而让人生畏，并能够在叙述过程中控制好信息的给出方式和节奏，把信息转化成为具有可跟踪性的情节、悬念或氛围情绪，然后再用出人意料的结果去冲击人们的心理预设。认知心理学也证明了这种方法的有效性，并给出了 15% 这样一个新旧信息的最佳配比，即 85% 的内容让你有亲切感，另外 15% 是改造你的世界观。这是因为唯有情理相通，人们才会产生共情并进入特定的故事情境当中，唯有突破既有的经验和局限，才会获得认知上的惊喜。

如何运用视听手段把故事更到位地呈现出来,是一个有门槛的事情,这个门槛不是你会不会一些拍摄和制作上的技能,而是你能不能真正建立起视频表达的思维,自觉地设计和运用过程、场景和状态去表达意图。视频表达是呈现而不是告诉,其直观和感性的特征对于叙述来讲是把双刃剑,一方面它让人们具体地看到,这是件好事;但另一方面,如何用这些看到去构建意图,并让观众清晰地体会到,却是一件难事,它需要对想象、选择、逻辑和感受有着更全面的把控能力,否则差之毫厘,失之千里。

过去梨园行流行着"说书唱戏只有会不会、没有好不好"的说法,说的是节目表演不精彩、不吸引人,说白了就是你还不会、还不懂、还没有摸到说书唱戏这一行的真正门道,这和你干了多少年、演了多少戏都没有关系,演不好就说明其实你还没有真懂、真会。视频创作也是如此,故事不精彩、表现不到位,除了创作者不能带给观众真正有价值的信息内容外,还和他们没有真正摸到视频故事的门道有关系。

创作上的纠结归根结底是对一些基本问题的模糊与困惑,虽然这些问题似乎早已是创作常识,但往往就是对常识的一知半解和似是而非，或者被某一些来路存疑的经验和理念所挟持，才会导致大量精心创作的平庸作品出现，而经历了挫折失败兜兜转转回来之后，发现最有用的，还是那些最基本的常识。

在本书接下来的篇章中，我们试图用较为俭省的篇幅，从故事目的、视频特点、呈现方法、爆款路径等方面为大家梳理出视频故事创作过程中的一些关键性常识，期待着对世界具有独到而深刻认识的你，在厘清了这些常识之后，创作能力一飞冲天。

Contents
目录

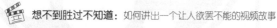

故事通识

何谓故事，故事的目的是什么，视频故事为什么要呈现状态，兴趣和新意的产生机理是什么，为什么说讲故事就是讲关系……作为通识，本部分将为您梳理一些故事的基础观念。

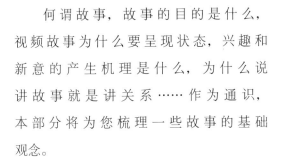

1. 故事的目的 ▶▶

人们现在对故事一词的使用，应该是受到了英文 story 的影响，它包括了对往事的叙述、对真实或虚构情况的描述、新闻报道、情节以及谎话等。我们这里说的故事，是指那些借助于具体的人物、事件、过程和情节，表达特定思想意图的虚构和非虚构作品，比如小说、新闻特稿、影视剧、纪录片、栏目化的节目等，虽然它们的表现形态和呈现介质各有不同，但道理都是相通的。

故事表面上是向大家传递信息、提供娱乐，实际上却是利用人们对安全感和确定性的期待，从纷繁复杂的世间万象中整理和构建出特定的秩序和意义，让人们兴致盎然地按照故事的意图去认识和理解世界的途径。秩序和意义之所以重要，是因为它可以帮助人们定义世界、定位自己，无序和失控是心灵迷乱的根源，人们总是想将"某种和谐引入到每天都不得脱身的不和谐与涣散之中"①，以期让生活变得有序和可控。

故事源起于生存必需，古代先民身处蒙昧，迫切需要对万事万物进行解读，以便让内心不再惶恐，情绪得以安慰。巫术、宗教等古老故事形式便应运而生，巫术和宗教提供了理解世界的方法，如甘霖一般慰藉了人们的心灵，同时也让会讲故事的人掌握了治心之术，成为祭祀和贵族，晋身为统治阶层。虽然随着社会的发展，故事无论从内容、形态到传播方式都发生了巨大变化，但构建秩序和意义，提供了解世界和认识自我的途径与方法这一核心功能却始终未变，而且越加强化。这是因为社会越复杂多样，个体对世界的直接经验就相对越少，就越要从他人的故事中体察世界；人生的可能性越

---

① 理查德·卡尼:《故事离真实有多远》，王广州译，广西师范大学出版社，2000，第 14 页。

多，也越需要从他人的经验教训中获得启发和借鉴，以便让自己在面对类似的处境时有所参照、得体应对。从这个意义上说，故事其实是一种情景教育，它要尽可能多地提供各种环境条件下人们的行为模型，并展示其结果，让受众直接而感性地了解到其间的因果性或相关性的关系，而受众也在不断地自我角色归类和想象当中，实现了对世界的了解和自我的进化，这就是故事始终被需要的原因。这或许也可以解释为什么那些战争、犯罪、生死（生理上的生死与心理上的生死）等极端条件下发生的故事通常更吸引人，这不仅是因为它们在内容和情节上更富刺激性，还因为人们能从这些故事中观察到寻常环境下难得一见的人性显露与价值取舍，增强对世界和人性的了解程度。

由于故事希望建构的秩序和意义是要通过特定情景下的行为模型来完成的，因此就必须要让人们知道导致这些模型产生的原因、过程和步骤，而不是直接告诉他们一个结果，这就使得故事的讲述方法与新闻消息有着显著的不同。比如我们在报道某场疫病灾害时，新闻消息通常会直接告诉你疫病导致了多少人死亡，多少家企业倒闭，直接经济损失多少亿元等，它在让人们迅速了解到危害结果、体现了信息效率的同时，也容易使这些信息止步于概念层面，无法让人产生更多的切身感受。比如尽管人们也为死亡人数的增加而焦虑，但对绝大多数非疫区的人们来讲，那可能就是一组数字而已，染疫后个体承受的巨大痛苦、父母死亡后幼子面临的生存挑战、供应不足导致的食物短缺，诸如此类的现实困境，人们在没有真正遇到之前是难以体会的。但故事却不是这样，它要让人们感同身受，要借助典型的事件、典型的过程让人们感受到疫情的切实影响。比如可以通过对病患救治过程的记录，讲述疫病对人体的真实伤害；通过亲戚朋友对患病人员的态度变化，展现人情冷暖及其背后微妙而复杂的社会关系；通过对科研过程进行追踪，告诉人们疫苗研发的前景和面临的挑战；通过对失去亲人的家庭记录，呈现他们的情感之痛与应对之法……无论从哪个角度去讲，故事都有助于人们更加真切地感受和了解这次疫情对社会、个体所带来的现实影响，在与故事中的人物产生共情的同时，也获得了更为具体的警示和经验，这无疑会对人们今后应对此类事件产生帮助，甚至会在当下催生出一些更有针对性的援助行动，比如志愿者或捐款捐物等，这就是故事的具体塑造作用。

　　了解了故事的目的，什么是好故事便也有了答案。既然故事是要为人们构建起秩序和意义的，那么提供了什么样的秩序和意义，给人们带来了什么样的启发和收获，就成了衡量一个故事价值大小的指标。好故事总是能够拓展人们的认知和视野，给人们带来收获和启发，好故事还应具有情感力量，让人们在情绪上欲罢不能。这当中最常见的方法就是通过扣押和延迟信息等手段来强化受众的期待和好奇，这是因为追逐安全感和确定性是人性的本能，当人进入不确定的状态时，自然就会期待确定性，这一进一出之间，情绪得以产生，故事也有了驱动和生趣。

2. 兴趣的秘密 ▶▶

人们之所以对某个故事感兴趣，是因为这个故事契合或激发了他们心中的某种欲念，并由此引发了他们对事件结果和人物命运的关注。成功的故事总是和人们的欲望与情感联系在一起的，这些欲望包括了生理的和社会的，马斯洛的五种需求理论（生存、安全、归属、尊重和自我实现）就对此做了很好的概括，这些需求越到后面越具有社会属性，但最终又会落实到生存欲、情欲、支配欲、安全欲等这些本能欲求所引发的生理机制上，并以喜、怒、哀、思、悲、恐、惊的方式反馈出来。所以不管你想表达什么样的主题，也不管你是虚构还是非虚构，在内容筛选及情节设置时，最终的落脚点都要呼应在这些人们最本能的关切上，这样才能让人们对你的故事感兴趣，比如财经节目的卖点说白了就是要激发人们发财或规避损失的欲望，而法治节目则要牢牢抓住人们安全需求的心理等。

如果对"兴趣"进行拆分，可以发现它由"好奇"和"关心"这两种成分组成，虽然这两者有重叠的部分，但"好奇"通常是就智力而言，"关心"则主要在情感上起作用。对于故事来说，所有的"好奇"都是建立在对具体事件和人物命运的判断及猜想上的，通过不断地释放信息、提出问题，引发人们接下来会怎样、结局会如何的追问。而"关心"则是让故事的事件和人物与自己扯上关系，通过人性中对勇气、正义、真理、爱等正面价值的天然追逐，将自我投射到故事的进程当中去，完成移情和共情。好故事应该同时满足这两部分要求，并在故事叙述过程中不断强化，直至最终智力得到犒赏，情感得以舒张。

作为故事的动力，"好奇"和"关心"可以应用在任何种类与形态的故事上。比如一个寻找真凶的故事，警察一开始就想知道谁是真凶，但随着情节的发展，貌似真凶的人物一个个出现，又都被一个个排除，可案件却仍在发生，危害也越来越大，以至于到了不找到真凶所有人都寝食难安的地步。而此时，办案警察也受到了来自方方面面的压力和迫害，名誉和人身安全都受到严重影响。真凶到底能不能被发现，又能不能被绳之以法？警察最后能不能逃离构陷、战胜邪恶？故事的发展既要让人们的好奇心不断增大，在故事情境之中开足马力推理质证，又要使人们情不自禁地为警察的命运担忧，希望他能尽快脱离险境、安然无恙。这种智力冲撞与情感纠葛要始终在故事的进程当中相伴相生，直至最终的结局出现。

通常来说，"好奇"和"关心"要引发认知和感受的螺旋上升，沿着故事的主脉络不断抛出的，应该是一个个比之前更加重要的问题和更加深入的追问，在这个过程中，应该有逆向的力量适度制造挫折，以便让人们对已经建立起来的认知产生动摇，而当这些障碍被清除后，再次获得的认知和连接会让人们更加快慰，整个过程也会跌宕起伏，牵动人心。中央电视台的《走近科学》曾被称为是最会讲故事的栏目，其成功操作的秘密其实也就是充分利用了这种逆向的力量，在故事叙述的过程中不断去对已有的认识进行否定或质疑，以增加悬念和冲突。之所以有些内容被批评是故弄玄虚，是因为这些节目的故事内核托不住叙述技巧，一连串的问号将人们的胃口吊起来后却没有给观众一个满意的叹号，无法给观众带来预期的信息满足，但这种叙述故事的方法还是很有效的。

3. 新意的产生 ▶▶

　　人们愿意花时间看你的故事，肯定是希望在已有认知和体验的基础上再获得点什么，如果你的故事缺少新意，没有超出目标观众对某一类题材的常规认识，大家便觉得没有意思。好故事就是要带给大家一些新意，而如果这些新意是通过情理之中、意料之外的方式产生，那就会让人眼前一亮，并为之一振。

　　这是因为人们在接触信息时，已有的知识体系会预设一个走向和边界，如果你另辟蹊径，对信息的呈现和解读突破了人们的预设，就会产生开脑洞的欣喜。比如央视的《朗读者》，初看这个名称，人们会习惯性地认为这是一个欣赏性节目，并自行脑补出名人朗读名篇的内容表现形式。但《朗读者》却被定义为文化情感节目，朗读只是内容呈现的一部分，并且这种朗读既不要求字正腔圆，也不必是名家名篇，只要能推动内容发展和情感升华，普通人也可以在殿堂级的演播室里朗诵自己的作品，这就突破了观众对已有朗读节目的刻板印象。

故事的新意首先是选题的新意，既然是新意，那就不是要你发现一个新题材（当然能发现那是最好），而是看你能否在那些人们都司空见惯了的题材和现象中，提炼和整理出别人都还没能发现的意义和秩序，并用恰当的方式将之表现出来。比如"吃"这个题目，就电视节目来讲，从草根寻访到明星推荐、从厨王争霸到海外撷英，几十年来似乎能涉足的都涉足了，还能折腾出什么花样呢？《舌尖上的中国》另辟蹊径，他们没有就食物论食物，也没有把注意力放在教大家怎样做饭上，而是着力发掘食物与人、食物与生存环境、食物与生活方式之间的关系，以人物带食物，以食物的际遇讲述人物的命运，从而为老题材开辟出了新领域。比如中国烹饪在手艺上神秘繁复，其传承和流变通常以家族和师徒的形式承载，《心传》这个选题就深入民间，寻找那些消失和即将消失的美味；而《脚步》则跟随那些在路上奔波的人们，讲述"路菜"这种先民保存食物的智慧是如何演变成标志性的中国美食的，它不仅展现了人们对故乡食物的牢固迷恋，更赋予了乡愁以浓烈的审美意味。而B站的《生活如沸》和《人生一串》则给人们带来了另外一种感受（图1）。

其次是形式的创新，虽然在一些时候某些颇具新意的形式会对内容的出新产生刺激，但总体上讲脱离内容

图1 《舌尖上的中国》着力发掘食物与人、食物与环境、食物与生活方式之间的关系，开辟了美食内容的新天地

谈形式，即便谈不上荒谬，也起码是不经济的，因为形式创新总是与内容创新相伴生的，一切都取决于你对事物的认识程度。所谓角度、思路什么的，都是你认知水平和思维能力的衍生物。

所以故事的新意往往并不取决于原始信息本身，而是创作者怎样看待和处理它的问题，如果你的认知水平和感受能力与目标观众处在同一水准，甚至还不如他们，那也只能做一个原始信息的搬运工，代行人体延伸的功能而已。

从某种角度上说，新意就是有诱惑力的陌生感。陌生会带来挑战和不确定，也会勾起人们的探知欲望，会讲故事的人就是要适度制造这种陌生感，在不伤害观众自信和自尊的前提下，让他们对故事既熟悉又陌生，既可控又不可控，从而完成一场内容和叙述的挑逗游戏。

心流理论告诉我们，沉浸感是基于适当的难度和挑战产生的，太难或太容易都会让人心生厌倦，适度的逆向刺激会激发人们的状态，也是冲突和悬念的产生机理。如果把人们的既有认知比作一个惯性轨道的话，适当的认知"脱轨"，会让人们产生冒险的乐趣，当然这种冒险最终必须要安全，也就是挑战和困难没有大到让人气馁和厌倦的程度，而是让他们在过程之后感到自己更强大、更自信，这才是一个恰当故事所应带给观众的心理体验。

4. 用状态呈现 ▶▶

　　视频故事是对人们在真实世界中观察现象、得出结论这一自然过程的仿生和提炼，它要用可见的状态去表现内容。我们这里说的状态，是指人或事物在具体的时间和情境之下呈现出来的具有典型意义的状貌特征和动作情态，状态是内在的外化，反映的是表现对象的存在状况和心理活动。所有的视频表现手段（镜头、对话、灯光、置景、音乐等）和情境情节设置都是为了突出和强化状态的，呈现不出状态，视频便没有了灵魂和味道。

首先，恰当的状态呈现对于精准传达内容意图十分重要，由于视频通常是靠影像引导，较少像文字那样用定性的语句去影响人们的感受，比如"他感到眩晕，极度虚弱，他的脊梁塌下来，松弛无力……他进入了休克状态……随着一声痉挛般的呻吟，胃里涌出巨量血液，泼洒在地上"[①] 等，因此在用视频构建故事时，突出状态呈现，选择那些最能够体现故事意图的事件、时间和场景，让最能展示状态特征的行为过程得以展现，是最切实可行的方法，它既可以让创作意图得以明确表达，又会增加影像的感染力，效果也往往事半功倍，所谓视频表达的魅力也在于此，而不是一味地把东西拍得漂亮好看。

在纪录片 *Leftover Women* 中，三位奔波在择偶路上的女性，她们的性格命运，就是通过各自一些具有典型意义的状态呈现被观众体会到的。例如一开场女律师邱华梅与婚介中心业务员交谈的那场戏：

业务员："你所谓的合适的人你希望是什么样子的？"

---

① 理查德·普雷斯顿：《血疫》，姚向辉译，上海译文出版社，2016，第 14 页、第 16 页。

邱华梅："我可能要求比较高，他应该是受过良好教育的，非常重要的一点是他应该尊重女性，我的意思是在家务分配这方面。"

业务员："你之前谈过恋爱吗？"

邱华梅：(用手势表示谈过两次)

业务员："刚才你说你们也同居过，同居期间有什么矛盾产生吗？"

邱华梅："他不去做家务。"

业务员："还是归结到不做家务这件事情。"

邱华梅："对。"

业务员："我说话可能稍微直接一些，传统意义上你不是很大的美女，首先是不漂亮，不是美女，第二个你年纪真的很大了。"

邱华梅："年纪真的很大了？但是我觉得我的年龄还好呀！"

业务员："你觉得你的年纪在婚姻市场上还是很好的年纪？你就不要想你现在的状态很好，包括外形，你自己觉得很年轻，这都是自自欺人，都是你自己觉得的，如果你现在谈恋爱，最起码还要一年吧，再怀孕，35岁，36岁生孩子你算高龄产妇了吧，这是你最快的情况下，对吧？"

邱华梅："我说的尊重女性是假如我选择不生育。"

业务员："你会有这种想法吗？不生育。"

邱华梅："为什么不可以有？"

业务员："我是说你要男士接受你不生育？"

邱华梅："所以我一开始提到要尊重女生的想法。"

业务员："那你选择单身还是婚姻呢？"

邱华梅："……婚姻。"

业务员："你还是希望走进婚姻的。"

邱华梅："……是的。"

业务员："我是觉得你的工作原因……你的性格有点硬……还是希望柔一点。"

这样的对话加上摄像机对邱华梅从傲娇到尴尬的表情记录，就把邱华梅此时的状态展现得十分到位，既让观众看到了她在择偶问题上的挫败与不甘，又对她的性格做派有了了解。

而之后她离开婚介中心，过马路挤地铁的一组镜头，也传达出了她在别人眼中的样子，毫不出挑，十分普通，随时可以淹没在北京的茫茫人海中，这就与她内心对自己的价值判断产生了反差。而之后她与朋友吃饭时表现出对婚姻与亲情的强势姿态，以及迫于社会压力，多次相亲，去医院咨询冻卵等，都让人们感受到了她的纠结与不甘，这些也都为她最终放弃相亲、赴法留学埋下了伏笔。同样，片中其他两位主人公的命运际遇也是借助特定情境下的状态呈现来完成的。

状态的美妙之处不仅可以高效表意，更能牵动观众的情感，最大限度地释放影像张力，好状态胜过千言万语。一个故事，时间一长人们可能忘记了具体讲的是什么，但故事中某个曾经打动他的画面，主人公的一个表情，一个举动，却往往让人记忆犹新。故事的路径是从感受到感悟，而状态是开启感受的钥匙，视频的状态呈现不到位，再好的故事内核也会让人精神游离，这就跟剧本摆在那里，台词和各种表演要求也都交代清楚了，好演员和差演员的表现会天差地别一样。

其次，状态具有专属性和唯一性，不管是人物反应还是自然风光，任何状态的产生和呈现都必然是特定时空环境下诸要素相互作用的结果，以及拍摄者观察与理解方式的叠加。即便是一个静态的景物，也总是与具体的应用场景和时间过程相关联，传达的是那一时那一刻的存在状况，所以我们在呈现状态时，一定不要忽略了它们和环境过程的联系。那种万能空镜之所以不受推崇，比如丰收就是麦浪滚滚、收割机作业，城市发展就是高楼大厦、日新月异，甚至很多的城市宣传片和风光片，场面拍得极其漂亮华美，但就是吸引不了人，很重要的一个原因就是它们割裂了状态产生的特定过程，用画面图解意图，这虽然能够让人知道你想要说啥，但却仅停留在概念和符号的层面，无法生成理解状态的情境。而有经验的创作者，即便是在拍摄制作非情节性的视频故事时，也总是要选择在特定的叙述情境中展示状态，比如《风味人间》第二季中的尼泊尔蜂蜜猎人，为了采到珍贵的崖蜜，他们必须以最原始的方式，毫无防护地在悬崖上和蜜蜂斗智斗勇，危险的过程让观众时刻担心他们会遭到蜜蜂围攻跌落悬崖，而平安归来享受蜂蜜的那一刻，人们也会感到特别的幸福和满足。再比如2020年热播的《航拍中国》第三季，虽然航拍的画面非常精美，每一帧都像壁纸，调色、音乐、配音、动画等一流制作也给节目提气，但长达50分钟的纪录片要想吸引人，仅凭这些还是远远不够的，必须要有承托这些画面的原因、背景和关系，交代清楚了这些，故事才有了灵魂。诸如摄制组为了拍摄到理想的雾气中撒网捕鱼

图2 状态是特定时空环境下诸多要素相互作用的结果，具有专属性和唯一性

的镜头，动用载人直升机反反复复拍了两天之类的努力
才会在故事当中凸显价值，而当观众明白了那条建了30
年，却既不经过市中心，一大半又都建在地面之上的地
铁是济南人民为了保护地下泉水的良苦用心后，再看这
条曾经让他们费解的地铁线路规划，心中也会满是温情
（图2）。

5. 情节有能量、细节有力量

　　我们说在视频故事中，恰当的状态呈现是精准表意与产生感受的前提，而孕育和强化状态的，却是情节和细节。情节是推手，让状态积聚能量；细节是执行，让状态显露力量。

　　在电影《甜蜜蜜》中，有三处文身细节让观众印象深刻，一处是李翘刚开始为黑道大哥豹哥按摩时，豹哥后背的青龙文身让人害怕，按摩过程中豹哥对小弟的指令，也都是砍砍杀杀的狠话，豹哥问李翘怕不怕他，李翘嘴硬说她只怕老鼠；第二处是再一次按摩时，豹哥对李翘说他带了一个朋友来，听说你很怕它，李翘发现豹哥在原来的文身图案中间新加了个米老鼠；第三处是豹哥在美国死后，李翘在停尸间，看到豹哥的正面时，她还是平静的，当她要求将豹哥的遗体翻转过来后，她笑了一下就再也控制不住眼泪，此时的镜头在推到李翘的面部特写后，顺着她的眼神，豹哥后背的那个米老鼠文身被推到了观众的眼前……这三组关于文身的细节表现，既充满了隐喻，也生动地将人物性格和心理变化展示了出来，镜头顺序的安排也强化了米老鼠文身的情感力量，让观众唏嘘不已。

视频故事中的细节呈现绝不只是某些镜头的突出和强调，例如特写的运用等，而是一系列具有特定意味的

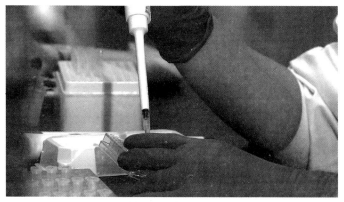

图3　细节是一系列特定意味和关系的组合，不只是某些镜头的突出和强调

行为和关系的组合，它能够引导观众在故事过程中特别留意到那些导演想强调的状态或存在，而这些状态或存在又可以恰到好处地说明问题（图3）。

在故事中，让细节动人的是情节，作为孕育状态产生的叙述安排，情节既要在故事逻辑上为状态的产生制造氛围和契口，又要为细节的展示提供空间，没有情节便不会有细节。有过实践经验的创作者都知道，同样的素材内容，同样的表现主题，因着不同的情节安排和细节处置，会产生完全不同的故事效果。

我们强调视频故事要充满细节，是因为唯有细节才能让我们直观地感受到水面以下八分之七的冰山样貌，从而不间断地沿着故事的发展路线去感受和体会，如果不给观众展示这些细节，观众的感受也无从产生。这和海明威的冰山理论还是有些不一样，冰山理论似乎更适用于文字，因为文字可以生成意象，再与人们的基本经验相结合，就可以产生出此时无声胜有声的效果出来。而视频观看则不是这样，它是一个视听感官被连续强制性引导的过程，看不到听不全，信息便不完整，感受也就建立不起来，这和视频的意蕴追求不是一码事，活动影像的意蕴其实是靠状态到位后的尽在不言中产生的。

6. 放慢与停留 ▶▶

　　无论是虚构还是非虚构，故事的题材发现与内容创意其实都是源自人们的日常经验、内心体验或遐思闪念，比如"时间都去哪了"这个内容，其实关于时光悄然流逝这样的感慨几乎每个人在一定的时间和条件之下都会产生，但绝大多数人恍惚一下也就过去了，并没有多做停留，直到有人把这个时刻给专门提炼出来，就一下子击中了人们的内心，成了一段时间内的爆款。

　　之所以这些曾经产生但并不引起人们多少留意的东西，成为故事后就具有了特别的力量和意义，让人念兹爱兹、欲罢不能，原因就在于故事创作者对这些特定的时间、场景、事件和想法进行了特别的关注和停留。其实任何事情你放慢脚步细细品味，都会产生一些与你匆匆一瞥时大不一样的感受和发现，何况是那些经过了创作者的匠心特别挑选和提炼的时刻。

　　哈佛大学田晓非教授在《秋水堂论金瓶梅》一书中对《金瓶梅》与《水浒传》中武大、武二、潘金莲的关系描写进行过精彩的分析，比如在《金瓶梅》中，武松原本是要回家探望哥哥，无意中打死了老虎成了英雄，在做了巡捕都头后，探兄的意思似乎也就没那么强烈了，宁愿在街上闲逛，也不急着回家找哥哥了。而武大每天在街上卖炊饼，兄弟打死老虎做了巡捕都头这件事他也知道，但也不去县衙找弟弟，兄弟俩是偶然间在街上遇见的，这种关系就很奇怪，就不像人们通常认为的那么亲。而接下来三人相见，要武松搬到家里一起住的提议，却完全是潘金莲的主张，武大则始终一言不发，潘金莲当然是有自己的想法，而武松的回答也耐人寻味，比如武大和潘金莲两口子送武松下楼，潘金莲叮嘱武松，要他势必上心搬来家里住，武松道，"既是嫂嫂厚意，今晚有行李便取来"，在这段对话中，潘金莲要武松搬来的话里用的是"俺两口儿",是以夫妻之名的邀请,可是武松的答话却只承认嫂嫂的厚意,这样的回答把武大置于何地?而今晚就搬来住,也是不是有些太过着急了?武松这样讲当然让潘金莲喜出望外,一句"奴在这里等候哩",就把之前刻意保持的"俺两口儿"身份矜持抛到了九霄云外。正所谓满前野意无人识,几点碧桃春自开。而再看《水浒传》里对这一情景的描写,武大一看到武松,便发自内心地说有武松在时,自己不会被人欺负是多么好,后来送武松出门的时候,武大也是赞同潘金莲的话,说武松搬来能叫他争口气,而武松的回答也是针对哥哥嫂嫂两人说的,认可的也是他们两人的美意。同一片刻,两种描述细加体会,《金瓶梅》是不是让人细思极恐?就像田晓菲教授所说,"武大对于武松搬来同住的暧昧态度,固然是为了表现潘金莲的热情和武大的无用,另一个方面也使得两兄弟的关系微妙和复杂起来",① 如果还有故事创作者愿意在这里面深做文章,依然可以对这一时刻继续停留和探究下去,也就一定会呈现出更多幽微的人性空间。

放慢与停留是上帝对故事创作者的特别赐予,人们

---

① 田晓菲:《秋水堂论金瓶梅》,广西师范大学出版社,2019,第 26 页。

在日常生活中，无论自身的节奏快慢与否，其实都如表盘上的指针，匀速而毫不停歇地运行着，缺少能力和自觉对那些值得放慢和体会的时刻加以驻留，以至于多少宝贵的时刻就这样白白地流失掉。而故事天生就是要对那些值得停留和细看的地方做文章的。什么是故事？就构成来说，从大的时空过程中抽取出特定的事件进行停留和细观，就形成了故事，而情节和细节则是对小的过程和行为进行的停留和细观。停留的功用是改变既有的速度节奏，让那些创作者认为你应该看见但却忽视不见的东西引起你的注意，而关注就是强调，就是放大，就是让故事受众获得在平常状态之下难以产生的发现和体

图 4　驻留和放慢改变了既有的速度节奏，引发人们特别的留意

验。这就好比慢动作，正常情况下是一秒24格，如果你把它拍成一秒30格、50格甚至更多，你自然就会看到一秒24格里面所觉察不到的内容和瞬间，而至于故事创作者停留的地方是否高明，强调的东西是否合适，则是创作者能力和品位问题了（图4）。

7. 讲故事就是讲关系

　　讲故事的方法多种多样，技巧和手段也层出不穷，但核心原则就是一条，那就是要叙述好关系，讲故事就是讲关系，这个关系包括人物之间的关系、事件之间的关系、结构和时间上的关系等，关系交代好了，故事也就会自然而然地呈现出来。某种程度上说，讲故事其实是在玩一场关系游戏，讲述者通过不断地建立关系、打破关系、调整关系，在保持观众兴趣与好奇的同时，完成故事的讲述。

📹 （1）建立关系

如果把故事拆解开来，会发现故事的演进是由一系列行动组成的，而重要的起承转合又是由那些关键性的动作所构成，叙述就是赋予这些行动以特别的意义，增强情绪张力的手段。

在故事当中，一个行动或动作之所以具有力量，倚赖的往往不是行为本身的惊险刺激，而是之前积累起来的心理能量在这一时刻的释放或爆发，这种心理能量的积累其实就是对与人物有关的各种背景关系的确立，关系格局确立了，人物的行动自然就有了原因和动力，也就有了牵扯人心的理由。那种缺少关系铺陈的抢眼行动只能算是奇观，比如搏杀、汽车追逐等，虽然它们在视觉表现上引人注目，但终会因为缺少足够的关系支撑而让人们的情绪难以持续，这其实就是在叙述上没有积累起强大的心理力量的原因。

在电影《萨利机长》中，萨利机长驾驶飞机迫降哈德逊河，如果没有前后的叙述铺垫，具体的迫降操作就没有扣人心弦可言；用叉子划餐布的动作，如果脱离开了希区柯克的叙述，也是一个波澜不惊的举动，但在

《爱德华医生》的特定情境里，却极具惊悚和悬念。

其实不管是虚构还是非虚构，也不管是什么节目形态，交代清楚关系和背景，是整个叙述过程中最重要的事情，当然这个关系和背景都是精心设计和选择的。在电影《三块广告牌》中，如果没有交代清楚海斯夫人因为女儿惨遭奸杀，警方调查长期没有进展，据此认定是当地警察不作为而心生与怨恨，海斯夫人买下广告牌讥讽警察，以及后续一系列的极端做法就没有了来由。而如果没有对警长和被开除警察所作所为的情况交代，观众也就真的认为案件搁置与警察的不作为有关，在电影的后半段，离职警察以自己被暴打为代价获取嫌疑人 DNA 的举动也就不会那么让人敬佩。再如央视《朗读者》节目，《宗月大师》原本是老舍的一篇流传得并不是很广的文章，但当濮存昕讲起他小时候患小儿麻痹被笑话为"濮瘸子"，同学不愿和他玩，是积水潭医院的荣国威大夫治好了他的病，使他能够像个健康人那样的走路生活，因而他要把这篇文章献给荣国威大夫，并激励自己也要身体力行去做公益的时候，观众瞬间就对这篇文章产生了兴趣，当节目嘉宾又向观众介绍了这篇文章的写作背景后，濮存昕的朗读就更有了感动人心的力量。

关系交代要讲求方法，所有故事都是特定情境下的特定事件，创作者在交代关系时不能简单地把事情说清楚就完事，而是必须要找到那个最能为叙述赋能的点，为现在建立起特别的感受。比如蔡康永有一次在节目中要向大家介绍一位并不是很为普通人所熟悉的画家，如果他只是常规性地介绍这个画家是哪里人，在哪学的画，特点是什么，人们肯定是没有人耐心去听，听了也留不下印象，那么怎么办呢？于是他在节目中拿出了一本画家的传记，说这么个只比鼠标垫大一点的面积，如果上面画了这位画家的油画，就会价值超过600万新台币，这种交代一下子让观众产生了兴趣，后面的内容也就顺利展开。

 （2）打破关系

故事的魅力在于变化，它是在时间这个轴线上发生的场景、处境、事件、命运之间的关系改变，没有变化的关系不可想象，而之前的关系交代就是被用来打破的。

人们对故事的心理需求或许可以用求了解、获得满足，求变化、追逐新奇这两种诉求来概括。对人们来说，知晓必要的信息，以便对故事有一个基本的心理掌控，是安全感的需要，它构成了一种相对稳态的情感需求。可是，缺少变化会让人倦怠，不断地追逐新奇和刺激是人的另一种本能，就如围城一样，人们总是不甘于这种稳态，总是希望在条件许可的情况下多产生一些刺激、多一点其他的可能性，于是之前的稳态被打破，追逐不确定性成了这一阶段的心理需要，而当这种不确定性再一次超出了人们的掌控范围，让他们感到难以承受时，又会再次希望回到那种稳态的情感需求当中，这种既求安全又求刺激的心理纠缠，就构成了所有故事叙述的底层心理模型：即最开始的秩序是什么样的，突然发生的事情打破了这种平衡，人们或被迫或主动地去应对这种变化，从而建立起了新秩序。但是，这种新秩序很快又因为一些缘由被再次打破，变化再次发生，人们又得想办法去建立起新的秩序和平衡。故事就是在这两者之间交替往复、螺旋上升直至高潮的，所有的叙述手段和技巧也都据此展开。

（3）调时间、调结构

叙述是对相关内容信息在时间上的设计和安排，即便是非虚构的内容，导演也会在尊重基本事实的前提下，采取放大或缩小实际发生事件的长度、改变叙述的时间顺序等方式来增加吸引力。叙述的技巧其实就是传受双方在信息释放与信息期许上的博弈：和盘托出，缺少期待，观众会觉得没有意思，总吊人们胃口，却不满足期待，观众也会弃你而去。这是因为对于感兴趣的内容，观众始终有一个无法化解的心结，那就是既想知道事情的结果和真相，满足好奇心和安全感，也不愿错过结果产生的必要过程，因为只有过程才能呈现事情的来龙去脉和诱人细节，让人们获得更多的情感体验。人们的这种心态为故事讲述者提供了广阔的操作空间，使他们可以通过技巧和手段，让故事更具期待性和诱惑感。

从业者大都有过这样的体会，在素材和表达意图都相同的情况下，有的叙述让人兴趣盎然，而有的则让人恹恹欲睡，其原因表面上是对叙述时间的安排和处置不一样，比如哪个先说，哪个后说，哪个重点说，哪个省略讲，是按照事件发生的自然时序讲，还是对叙事顺序重新进行排列组合等，这些都会让故事具有不同的表述倾向和速度节奏，但背后更实质的原因，还是创作者对内容的认识与理解上的差异。有能力的把关人在审片时总愿意在结构上提意见，比如这一块应该提前，那一块应该拿掉等，经常是面目模糊的内容，经过这么一调整，立刻变得重点突出、层次顺畅了。中央电视台的好多重要纪录片，从第一个脚本出炉到最终节目播出，通常论年计，中间要经历多轮审片和调整，越到后期审查的领导级别越高，调整后的内容表达也会越清晰完善，是这些领导们都知道怎么具体做一个节目吗？不一定是，根本差异在于他们对事物的认识和理解更具高度和深度，更能看到方向和实质。

如何欲罢不能

把一个故事讲精彩甚至是扣人心弦，其实并不是一件难事，只要对悬念与冲突、行动与压力等进行合理安排，故事便不会难看。即便是纪实性的内容，在不违背客观事实和事件走向的前提下，通过叙述技巧，也可以把原本看似平淡的内容讲得妙趣横生。而内容是不是真的具有价值，是不是真的能够带给人们启迪和拓展，故事的内核能不能托得住你所动用的叙述手段，则是另外一回事。但无论如何，熟悉和掌握必要的叙述方法永远都是人们进行优质创作的起点。

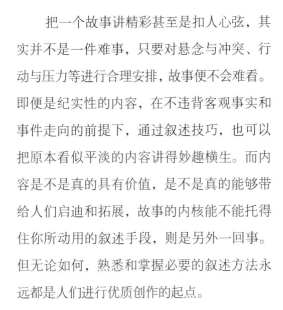

1. 人物的塑造 ▶

我们这里说的人物特指故事的主人公，他可以是一个人或一个群体，也可以是人格化的动植物或其他，但无论是什么，他都应该是值得观众期待和追随的。这种期待和追随通常有三种表现：第一，正面的、英雄性质的人物，人们希望看到他成功，因为其追逐理想、克服困难的过程，与人们的价值追求高度契合；第二，虽然是反面人物，但却良心未泯，个人际遇让人同情，并且有向善的意愿和行动，人们希望他得到救赎；第三，卷入了事件和冲突里的普通人，甚至是人们眼中的失败者，大家之所以被他吸引，是因为主人公为了走出困境，或主动或被主动地挑战自己的缺陷或不足，并在这个过程中闪耀出了人性的光辉。

主人公和其他对象（人、动物、环境、社会等）之间的关系瓜葛是产生故事情节的原因之一，从某种程度上讲，是主人公创造出了其他对象，其他对象的出现又必然会在不同层面影响主人公的行为和命运轨迹。

故事就是讲述命运的，主人公的塑造也大都离不开怎样认识自我、走出自我这个基本模式。优秀的作品总是试图揭示主人公的内心转变过程，并呈现由此引发的结果。这当中最常用的方法就是"人无完人"，即相对于主人公所要承担的使命，他自身是存在着某些致命弱点的，这些弱点为今后的冲突埋下了伏笔，当他身处压力时，由弱点引发的危机就会被引爆，成为催生情节的动力。如果对手足够强大，给主人公制造的危机和困难足够多，那就更加美妙，因为唯有强大的对手和几乎无法克服的困难，才会成就主人公的英雄性转变，并由此产生巨大的情感张力。现在很多影视作品乃至新闻报道在进行人物塑造时，让人感到浅白的原因，往往就是人物内心刻画不足，转变动力不够，这就使得他们的行动缺乏根基。其实人们所有的外部动作都是内心世界的外化，对内心世界挖掘不深、认识不足，自然就会在表现上流于肤浅，缺少价值观层面的冲突与碰撞，自然也就缺乏撼动人心的情感力量。

要使你的主人公更具吸引力，创作者应考虑下面几个方面：

A. 主人公是否因问题而生，他的麻烦是否足够大？因问题而生，是与观众产生情感联系的最佳方式，主人公面临危机，并且这个危机足以摧毁他、让他死亡（肉体的死亡、职场的死亡、心理的死亡等，心理的死亡更能拔高层次感），而他自身存在的那些令人无奈又同情的弱点又加剧了这种危机的程度，这些都是让观众牵肠挂肚的原因，观众希望他战胜困难，他该怎么办？

B. 主人公是否愿意用智慧和勇气去积极地解决问题？每个人心中都有一个英雄情结，希望自己能够挽救危亡于一旦，即便现实生活中实现不了，潜意识里也都希望能够有所投射，并且我们也都有着这样的体验，虽然在遇到危机时会有朋友伸出援手，但最终跨越障碍、战胜困难还是得要依靠我们自己。所以在故事中，主人公关键时刻迎战危机的意愿和行动，是与观众的内心希望相吻合的，人们将自己的情感投注其中，时刻关心主人公的命运变化。

C. 主人公的目标要让观众了解，要让观众一开始就明确地知道他处在什么阶段，最终要实现什么目标，这个阶段和目标之间的距离，就是主人公牵动人心的努力过程。这种交代十分重要，因为只有目标明确，观众才能知道他的诉求，才会在遇到困难和意外时与他视角一致，急他所急，想他所想。如果看了半天，观众都不明确主人公的目标是什么，那情感和焦虑就无处附着。

此外，虽然主人公困难重重，但目标还是要在他能力所及的范围之内，因为人们只会对可能实现的目标感兴趣，而且越接近目标时就越会焦虑，生怕有个风吹草动前功尽弃。会讲故事的人往往会在这个间隙大做文章，如果主人公的自身能力与目标相去甚远，那观众也就没有必要去为一个明显不可能有结果的事情浪费情感和注意力了。

D. 你要真的了解主人公，不管是虚构还是非虚构，你都要对故事人物的职业、年龄、背景、成长环境、兴趣爱好、社会关系心中有数，要对事件发生时具体的环境样貌，乃至颜色、气味、声响这些极其细致的东西了然于胸，这些信息很多时候虽然并不在故事里面直接体现，却是人物塑造的重要支撑，也是影响主人公诸多行为的重要因素。很多人物形象苍白无力的原因，是因为创作者只把他当作一个叙事的符号和工具，没有把他当作一个活生生的人看待。

E. 要给对手足够的辩护机会，对手是否完美、强大和让人同情，是主人公是否有勇气、毅力和行动能力的映衬。如前所述，人们始终处在关系当中，强与弱取决于参照系的不同。主人公的有血有肉是由对手的有血有肉映衬出来的，对手越是聪明完美难以对付，就越是能体现出主人公的智慧勇气和不屈不挠。况且很多事件当中，冲突的发生并不是出于双方的主观故意，"坏人"之所以坏，之所以和"好人"过不去，摊开来看其实也都有令人理解和同情的原因，站在他们的角度和立场上看，也都有正当和合理的理由，把这些展示出来，既能凸显主人公克服障碍的不易，也会让叙事立体丰满。

F. 主人公要有时间压力，紧迫的时间感是造成情感张力的有效手段，一个任务一天完成和一个月完成，焦虑感是不一样的。在故事中，你越是压缩时间期限，就越会获得叙述效果，观众喜欢这种焦虑。

2. 情境的作用 ▶▶

　　情境是故事发生的具体时空和背景处境，情我们可以理解为原因、由头，境则是事件和人物所处的特定时空。情境是一个横切面，问题和矛盾要在这上面集中呈现，情境设置的高下决定着叙事效果的高下，也对能否塑造和引导好故事的情绪起着关键性作用。

　　电影《萨利机长》是根据全美航空 1549 号班机紧急迫降纽约哈德逊河的真实事件改编的，客机引擎被鸟撞坏后，机长沙林伯格沉着冷静，凭借着高超的驾驶技术和过人胆识，将客机迫降在了哈德逊河面上，挽救了机上所有人员的生命，沙林伯格也由此成为美国人心目中的大英雄。虽然事后有国家安全运输委员会（NTSB）的庭审调查，但那已是一年半之后的事了，并且NTSB专家已经把诸如反应时间和人为因素都考虑进去了。

可是，如果按照这样的方式来结构故事的话，整个讲述几乎就没有什么悬念和吸引力了，电影的巧妙之处是在开始就为主人公萨利设置了这样一个麻烦不断的处境，刚成为全美英雄的萨利突然被NTSB怀疑成了沽名钓誉的冒险者，在本可以迫降两个备用机场的情况下，置全体机上人员性命和航空公司资产于不顾，故意冒险在哈德逊河水面迫降，因此要接受最严格的调查。消息传出，英雄瞬间从天上掉落，其命运也会发生根本性改变，萨利是不是冒险狂徒，迫降河面是否有必要，他又将怎样应对NTSB的严苛调查自证清白，一切都充满未知。我们可以看到，故事的所有后续发展，都源于最开始萨利所面临的那个大处境，它为整个故事奠定了基调，也为情节发展铺设了道路。

麦基曾说过，每一个人物的生命故事都提供了百科全书般的可能性，大师的标志就是仅仅从中挑选出几个瞬间，却能向我们展示其一生。优秀的情境也是如此，它总能为叙述提供最佳契机，让有价值的内容源源不断地出现。

　　故事由基本的叙事情境和若干个段落、场景构成的小情境组成，基本情境的作用是要告诉大家故事的发生环境和背景，让大家知道这是一个关于什么的故事，具体情境则要在场景中为人物的行动提供契机。比如电影《拆弹部队》的基本情境就是美军占领之后的巴格达，各种恐怖活动随时发生，拆弹部队要在这样一个危机四伏的环境中执行任务，必定要面临重重艰险，至于部队在执行任务的过程中会遇到什么样的危险，士兵们的人生命运又产生了哪些改变，则会在后面的具体叙述中表现出来。

　　通常来说，为了强化矛盾，主人公的行动总是会受到各种具体问题的阻挠，比如拆弹部队的士兵当然想顺利把炸弹拆除，可要么是各种袭击、要么是装置复杂，各种问题都会让他们面临死亡的危险。再比如飞机被撞后，萨利机长试图采取一些应急操作，但都不成功，他想迫降附近机场，燃油却不够，而在水面迫降则是万分危险之举，机毁人亡的可能性非常大……这些都增加了危机的紧迫性，这种紧迫性会不断给主人公施压，让其越来越绝望，越来越接近"死亡"，而只有直面死亡绝地反击，才会迸发出更为强烈的情感力量。在《玩偶之家》中，娜拉原本是一个深爱丈夫的女人，为了给丈夫海尔茂养身体，她不惜伪造父亲签名向银行借钱，在柯洛克斯泰为此事要挟她后，丈夫海尔茂非但没有安慰她，反倒为了自己的名声对她大加指责，而当危机解除，海尔茂又立刻恢复了对娜拉的浓情蜜意，这一系列举动让娜拉痛苦和绝望，她终于认清了丈夫的自私虚伪和自己的玩偶地位，毅然离家出走。

　　情境对节目的创设也至关重要，《奇葩说》《国家宝藏》等节目都是利用情境构筑起了节目的框架和表现空间，人物置身其中便会被激发和影响。《圆桌派》《晓说》等脱口秀节目也是如此，窦文涛、高晓松的本领在于他们能通过话语造境，让话题沿着特定的逻辑自行生长和延伸。而失败的情境（语境）处理，则意味着一个平庸表现的开始。例如在《奇葩说》中，马薇薇、颜如晶、黄执中等人都是令人敬佩的"神辩手"，用叹为观止来评价他们的场上表现毫也不为过，《奇葩说》正是凭借他们成为最受追捧的节目。但是，同样是这些辩手，在前些年影响力如日中天的时候开办过另一档辩论节目《黑白星球》，影响力和关注度却大不如《奇葩说》，每集较《奇葩说》都差出不小的点击量，原因何在？比对一下这两个节目你就会发现，《奇葩说》在情境设置上进行了很好的安排，从气氛营造、导师安排、辩题设计等各个方面为辩手的表现铺设条件，将矛盾和冲突引入辩论的每一个环节，既激发了辩手的状态，又增强了节目的戏剧性效果，而《黑白星球》的情境设置却散乱随意，无法很好地激发出辩手的状态和情绪，最终让这个本该乘势而上的节目归于无聊和平淡。

3. 冲突的制造 ▶▶

冲突是指两个或两个以上相互对立的需要同时存在又处于矛盾之中的状态。现实中的冲突都是想要得到却得不到，想要摆脱却摆脱不了之间的矛盾导致的，故事也是如此，所有的冲突均来自人们的主观愿望与理想目标之间的鸿沟，以及与制约因素之间的对抗。鸿沟越深，痛苦和挣扎就越多，制约和限定越多，焦虑和矛盾也就越明显。

冲突的起源通常来自三个方面：人与自我、人与人、人与社会。人与自我的冲突是指当你产生了某种欲念想要实现时，因为自身条件的限制，比如体能、智能和情绪等并不能够如你所愿地做出回应，矛盾和痛苦就此产生；人与人的冲突是说在你实现目标的过程中，与你产生关系的人无法按照你所希望的方式进行反应，甚至成为阻碍，于是产生了矛盾和冲突；人与社会的冲突是指规则、习俗等社会因素成了你实现目标的障碍，不进行突破就会被既有的规则绞杀，于是有了限制与反限制、阻碍与反阻碍之间的斗争。

这三类冲突既可以独立成篇，比如电影《国王的演讲》，就是典型的人与自我的冲突，电影《房间》就是人与人的冲突，《我不是潘金莲》就是人与社会的冲突等。也可以相互交融，主要冲突里面又包含了其他的次要冲突，更可以延伸出其他更为细分的亚类型，比如人与环境、人与机器、人与动物、人与自然等，但不管怎样延伸，冲突的基本构成是不变的。

在故事中，冲突的起因多种多样，不只是爱与恨、善与恶那样简单的对立，节制与铺张、积极与消极、聪明与愚笨等同样也能够成就有意思的冲突主题，因为任何一个价值前提，都会有与它同时存在的多层次多侧面的其他价值与之冲撞，并且很多冲突并不是有意为之，而是客观存在的现实制约，比如人和环境等。好故事就是要从纷繁复杂的矛盾现象里提炼出最重要的矛盾作为主线，同时让其他的相关矛盾围绕其间，从而凸显出冲突的层次性和故事的丰富度。

冲突的发生可以分为主动和被动两类，主动冲突通常是人物驱动，它是指主人公为实现主观意愿，主动介入矛盾，挑起与自我、与他人或与社会的对抗，整个故事是以主人公的具体行为驱动的。比如电影《国王的演讲》，口吃的阿尔伯特王子作为王室成员，需要做演讲履行王室职责，可一开始到温布利球场发表演讲时就搞砸了。这表面上是不成功的演讲与民众希望之间的冲突，内里其实是王子的主观愿望与自己不争气的现实表现之间的矛盾，他想要战胜自己，他该怎么办？王子选择了籍籍无名的语言治疗师罗格尔为他治疗，但身份观念、效果预期等理想与现实之间的矛盾又让这个过程并不顺利，这个时候王子还要不要继续信任罗格尔坚持治疗？在英德交战之时，阿尔伯特要对全体国民进行一次广播演讲，这个时候他必须要与口吃做最后的对决，要么演讲成功鼓舞国民斗志，要么演讲失败让王室蒙羞、国民失望，结果将会怎样？为了实现目标，王子又要与自己的心魔进行怎样的斗争？

被动冲突大多是情节驱动，通常是指外部世界给主人公带来了麻烦，他不得不进入到危机四伏的困境之中，想方设法强大自我以应对接踵而来的挑战。比如《肖申克的救赎》中，银行家安迪被控杀人罪投到了肖申克监狱，繁重的劳动、囚犯的欺凌以及监狱长的压榨，每一处困境都足以对安迪构成致命打击，为了摆脱接踵而来的危险局面，安迪不得不拿出他的全部智慧和勇气为争取安全和自由做斗争。

不管是哪种类型的冲突，主人公必须要战胜它们，如果失败，等待他的便是"死亡"。这里的死亡或者是指身体的死亡，比如被对手杀死；或者是职场的死亡，比如主人公在某个行业名声扫地；或者是心理的死亡，比如主人公对自我彻底绝望等，每一种死亡都足以构成人生的毁灭。所以在故事中，主人公面对挑战的过程，其实是在危机面前战胜自我、重塑自我的过程，这是真正令观众欲罢不能的核心所在。詹姆斯·斯科特·贝尔对情感冲突有一个著名的公式：

冲突（马上面临死亡的可能性）

情节（避免死亡的具体措施）

＋悬念（与情节有关的、未经释放的张力）

———————————————————

情感上令人满足的体验①

就很好地说明了这个道理，如果失去了这个核心，故事的影像动作就只是一些毫无感染力的声画组合而已。也正因为故事人物要经历这么一个自我完善、自我成长的过程，所以有经验的故事讲述者总是会让故事主角多一些缺点，甚至是致命的缺陷，而让对方多有一些美德，因为只有这样，才能最终凸显主人公战胜自我、走出困境之可贵。

———————————————————

① 詹姆斯·斯科特·贝尔：《冲突与悬念——小说创作的要素》，王著定译，中国人民大学出版社，2014，第11页。

4. 悬念的方法 ▶▶

所有对悬念的定义都包含了这样两种状态：悬着的心和念念不忘，心悬着是因为自己关心的事情得不到确定，念念不忘是因为结果或答案对自己至关重要，它构成了故事中未经释放的张力，让人们的情感逐步收紧，紧张不安地等待着接下来将要发生的事情。

悬念的大小视不确定性的强弱和对结局命运的影响程度而定，不确定性越强、影响程度越大，积蓄的张力就越饱满，释放之后的快感也就越强烈，这就是为什么希区柯克的电影让人既揪心又过瘾的原因。

悬念的实质是信息暴露不充分造成的心理上的不安全感，而追求安全感和确定性是人性的本能，所以悬念才会让人欲罢不能。悬念的产生有两种基本途径，一是在时间上延迟信息，二是在空间上藏匿信息，当然还可以将二者结合起来形成更复杂的悬念设置。

在时间上延迟信息，典型的方式是你一开始设置的那个让人们关心的问题，并不急于马上说出答案，并且随着故事的发展，一些新问题又相继出现，这些新问题被不断解决，每一步似乎都接近了最终的答案，但又让事情更加扑朔迷离，最终在故事快结束的时候，答案终于浮出水面，观众的焦虑得以释放，这就是信息在时间上的延迟所造成的悬念。

在空间上藏匿信息则是对空间信息不充分交代所引发的焦虑，它有两种呈现方式，一种是故事角色和观众都不清楚必要的空间信息，共同面对未知，比如《西北偏北》那个著名的农药飞机袭击场景，空旷无人的玉米地、十字路口、太阳的直射、偶尔停下的车辆、远处的农药飞机等，气氛诡异让人不安，似乎预示着要发生什么事情但又什么事情都没发生，直到那架看似无所事事的农药飞机突然俯冲过来进行扫射……在这里，悬念的营造是空间信息展示不充分来实现的，如果角色和观众有着全知视角，对整个场景的每一个信息洞若观火，那也就不会产生这样的悬念了。另一种是观众比故事角色掌握了更多的信息，具有上帝视角，眼睁睁看着主人公步入险境却无能为力，比如观众事先知道门后面藏了一个杀手，但故事主人公却不知道，随着他一步步走向险境，观众的心也被揪得越来越紧。

所以，高风险、高赌注是增强悬念的重要手段，你花一点小钱去赌场体验和你押上身家性命去做赌注，风险和回报当然不同，情感落差也不一样，所以讲故事的人才会那么愿意把各种"死亡"作为提升悬念张力的手段。

一个故事可以有很多小的悬念，它们都要为故事的总体悬念服务。没有总体悬念的统领，小悬念也会因为缺少必要的逻辑和情境支撑而无法让人进入状态。总体悬念就是故事主人公在整个故事中的全部赌注之和，它往往能够用一句话来概括，比如《国王的演讲》就是王子能否战胜口吃，用流畅的演讲振奋国民斗志；中央电视台的《等着我》就是能否找到委托者想找到的人，等等。

创作者可以用以下几种方法增加悬念。

A.唤起担忧。悬念是一个心理感受程度，一个平常的举动和场景，如果和担忧关联上了，就会引起悬念。例如一个饭局，如果和谁是告密者联系上了，就会产生悬念。

B.设定目标，制造障碍。给故事人物一个目标，告诉大家这个目标对他的极端重要性，然后给他制造麻烦，让他受挫，这个麻烦可以是人，也可以是环境，或两者兼有，目的是让主人公的各种努力距离目标越来越远。危机逼近，"死亡"降临，他该怎么办？

C.让意外发生，和后果关联。一种新型炸药靠相关物质反应起爆，威力巨大，反应已在进行，炸药却还没有爆炸，此时应该怎么办？中断反应已不可能，前去检查更是危险，还会有第三种方法吗？

D.增加对抗的力量。对手越强大，就越是会给主人公制造麻烦，过程就越曲折复杂。这个对手可以是人或拟人化的生物，也可以是自然和环境，对手所制造的麻烦可以是有意为之，也可以不是。

E.提高赌注。加大故事主人公目标实现与否的赌注，增强其实现的难度，强化失败所带给个人、家庭、社会的灾难性后果。

5. 先行动、后解释 ▶▶

　　行动是带有主观意图的改变。作为一个实施目的的过程，行动包含了一系列与之相关的行为和动作。比如在电影《死亡诗社》中，尼尔等人受到老师基廷的影响，决定重建死亡诗社这样一个行动，就包括了相互串联、深夜离校、寻找山洞、诵读等这样一些具体的举动。

　　故事离不开变化，而行动既是变化导致的结果，又是变化产生的原因，一个故事总是需要有那么几次高光行动来吸引人的，而赋予这些行动以光芒的，却是故事里面的相互关系。背景信息的交代、相关情绪的铺垫，都是为了让人们更好地理解行动的缘由和意义，或者更直接地说，叙述就是要让行动更有力。

在电影《萨利机长》中，机长萨利为了自证清白，开始了自救的行动，而最后在听证会上"提醒"专家把鸟撞飞机后驾驶员必要的反应与分析时间考虑进去的做法，虽然看似平淡，实际上却凝聚了他之前所有努力才找到的希望，如果这个"提醒"不被采纳，或者采纳了，但结果仍不有利于他，那么他的声誉和生活将要毁灭，正是因为这些关系，这个"提醒"才如此重要，而最终加上了驾驶员必要反应时间的模拟结果也才会那么让人快慰——萨利机长处置正确，他的确是了不起的英雄。至此，观众压抑多时的情绪才得以释放。

行动有主动和被动之分，主动行动通常都是人物驱动，是人们主动去做，被动行动则大都是事件驱动，是陷入一个境况中不得不做。不管是哪种行动，外化的行为都应该是一系列心理博弈和价值选择的结果。比如《国王的演讲》中，阿尔伯特王子去找治疗师进行口吃矫正这一行动，背后就是王子想要摆脱口吃毛病所进行的各种权衡和斗争。而行动要想感染人，创作者一方面要加大观众对主人公的支持和同情，另一方面要合理拉大主人公的心理意愿与现实情况之间的距离，给他的行动制造困难和障碍，将他的品质和能量激发出来，同时也让观众时刻牵挂。

先行动后解释是引发好奇、提高故事关注度的方法之一，对于观众来说，信息不是交代出来的，而是等待出来的，会讲故事的人喜欢用扣押信息、制造悬念的方式引发观众的欲望，他们通常先展现一些缺少交代的举动来撩拨起观众的好奇心，然后在行动进行的过程中，一点一点地释放那些必须要交代而人们此刻又十分想要了解的信息，因为如果不交代，人们便无法跟上叙事的情节。如此一来，创作者便可以随心所欲地牵引和控制观众的情绪和需求了。

6. 有变化才会有发展

　　故事的秘密是期待，人们看故事，实际上是在看期待，好故事之所以吸引关注，就在于它能用一系列独特而重要的变化制造并推动期待的升级。

　　变化是一种性质取代另一种性质，一种事物取代另一种事物的过程和结果，在故事中，变化是和事件连在一起的，其任务是要改变原本事物的运行轨迹。比如电影《毕业生》中，家境优渥、品学兼优的大学毕业生本恩如果没有罗宾逊太太的纠缠和诱惑，本可以按照既定路线，一路发展成为标准意义上的成功人士。但是，本恩却没能经受住罗宾逊太太的挑逗，和她持续发生了关系，这让本恩之后的生活轨迹发生了极大变化，一切都变得和以往不同了。而在这个时候，新的事件又出现了，罗宾逊太太的女儿伊莱恩回来了，尽管罗宾逊太太想独占本恩，为他和伊莱恩的会面设置了障碍，但本恩还是和伊莱恩产生了真爱，面对着罗宾逊太太的阻挠报复以及来自家庭、学校和社会的诸多压力，本恩内心产生了来自社会和自我的多重价值冲撞和纠葛，本恩该怎么办？他最终还要和伊莱恩走到一起吗？

真正有力量的变化是人物的价值观发生改变，我们知道影视作品是通过人（或人可类比的事物）的外在表现来间接地表达思想情感和故事意图的，但如果没有人物内心价值产生的转变，再多再酷的外在表现也不能真正打动观众的内心，因为"个人体验是具有普遍性的，当你在表达你觉得专属于你的那些情感时，观众中的每一个成员也都会把它认同为专属于他自己的情感"[1]，我们强调故事主人公要有一个总的目的，并且故事叙事时要依从一个清晰的视角，其目的就是要借助主人公自身的体验和感受来让观众感同身受，引起情绪上的共鸣。

① 罗伯特·麦基:《故事》，周铁东译，天津人民出版社，2016，第78页。

快速而剧烈的变化让人兴奋，漫长和缺少改变则消弭了人们的热情。会讲故事的人总是希望在变化的两极，比如爱与恨、喜与悲、生与死之间不断转换回旋，利用极差的势能强化体验强度。比如"9·11"恐怖袭击，很短的时间之内两架飞机撞上了纽约世贸双子大厦，在事发之前，有多少人在世贸大厦眺望纽约享受美好，但却万没想到转瞬之间就大难临头、香消玉殒，这样的结果让人惊惧，巨大的结果反差又让人难以适应，它必然引起人们对恐怖袭击的憎恶和声讨，对逝去生命的无限怀念。

但是，生活中如此极端且极具戏剧变化的事件并不常见，作为生活的提炼和浓缩，我们在故事中所强调的独特而重要的变化，就是如前所述的那种改变了某种事物既定的运行轨迹，并给故事带来了新的情节空间的事件或行为。比如《毕业生》中本恩和罗宾逊太太发生了不该发生的关系，引发了一系列后续的事情。再如电影《美国往事》中，"面条"等小混混一直被警察打压，直到他们偶然发现警察和佩姬在屋顶偷情，用偷拍的照片要挟警察放任对他们的管理后，他们的日子才算好过。如果他们没有用偷拍抓住警察的把柄，就会一直被警察和霸哥欺负，发达不起来，也就没有了后面兄弟之间的爱恨情仇。

有价值的故事变化总是和命运际遇联系在一起的，变化的主角可以是人、也可以是自然或生物，好故事要给每一个变化赋予心理能量，比如昼夜变化作为一种自然现象，本身没有什么特别的意味，通常也形成不了专门的期待，但如果是这样的情境，一个唯一能救治整个山寨患病人员性命的医生，寒夜被困深山险境，四周野兽环绕，只有天明才能实施救援，而医生带来的特效药在天明之后几小时就会失效，那人们该是多么盼望天早一点亮起来，寒夜里的每一秒又是多么漫长和难熬……在这个情境中，物理时间被心理期盼拉长，天明显得弥足珍贵。

没有人参与的自然故事也是如此，纪录片《冰冻星球·春季（下）》是通过这样的方式向我们展示自然之力带给我们这个小小星球的伟大变化的：随着春天的到来，北极海冰逐渐融化，与澳大利亚面积相当的海冰在北冰洋逐渐消失，北极熊要在海冰彻底融化前捕食海豹，浮游生物大量出现，北极鳕鱼从深海中游了上来以浮游生物为食，海豹和北极鸟类又以北极鳕鱼为食，强烈的阳光，重新流淌的河流和破裂的而海冰，给北冰洋带来了生机……在这里，春天来了这一关键性的变化，带给北极的是整个关系系统的改变，冰河融化会带来什么，海冰破碎会发生什么，浮游生物出现又意味着什么，整个叙述都是随着这个变化链条的延伸和改变，通过具有典型意义的生物出现，不断引发人们会发生什么、还会发生什么的心理期待，故事也就这样自然而然地完成了。

7. 典型的意义 ▶▶

如前所述，故事的功用是让人们了解世界，提升对这个世界的认知和把握能力，可是，故事其实既不能完整地还原世界，又无法真实地表现世界，这一是因为任何呈现方式都无法对世界进行时间和空间上的穷尽，二是所有表达都具有主观性，因此，故事只能是对这个世界的概括和提炼。由于人们的注意力有限，那些最具代表性、最能反映事物特质的东西就成了首选。

故事的形成过程就是发现和提炼典型的过程，典型既能提高信息的密度和效率，也让故事变得生动和有力。例如为了表达北极春天的短暂和动物生存的艰辛，纪录片《冰冻星球》特别拍摄了灯蛾毛虫的一生，这个北极冰雪融化后第一个出现的昆虫，在春天刚开始的时候便会一刻不停地进食，以求积蓄能量、化茧为蝶。但春天转瞬即逝，很快白天变短，寒冷到来，灯蛾毛虫并未获得足够的食物能量转化成飞蛾飞离北极，它只能躲在岩石地下，任凭自己被冻僵，心脏停搏，血液凝固。当北极春天再次来到，灯蛾毛虫起死回生，又一刻不停地努力进食，但无论它们吃的多快，也不能在这一季中获得足够的能量，严寒很快再次降临，灯蛾毛虫的行动又变得迟缓，然后又被冻僵。如此年复一年，在努力了14 个年头之后，灯蛾毛虫终于在这个不同寻常的春天里化茧成蝶，振翅高飞……

　　优秀的影视作品和动人的情节展现，都是典型化的结果，典型之所以引人共鸣，一是因为它既有共性，代表了通感和共识，又有特性，代表了独特、新鲜和有趣；二是因为它集中，能将矛盾冲突集聚一身，单位时间内的有效信息多，能量密度大。因此，能否抓住典型并将之典型化地呈现出来，是故事创作者思维深度、认知高度和表达能力的综合体现。

今天，当你费尽心力制作出来的视频故事，转瞬间就淹没在海量的视频当中不见反响时，主要原因就是你的作品缺少典型性，既无法为观众提炼出有价值的故事主题，也缺少能够呈现事物关键特征的表达，内容不到位或说不到点上去，人们自然不喜欢。

故事的典型首先是选题的典型，每一个内容生产者都知道选题的重要性，问题是怎样才能寻找到优质的选题线索，并把它深化成直击人心的故事主题。仅有敏感和观察力是不够的，要想把一个有价值的选题线索深化成优质的故事主题，还必须有足够的认知能力和提炼问题的本领，击中人心的不是事件本身，而是你为故事注入的灵魂和见解。

其次是人物和行为的典型，中国社科院的冷淞曾以江苏卫视的《星跳水立方》为例，总结出了真人秀节目需要天才、怪才、蠢材的角色设置，认为只要真人秀节目拥有了真正意义上的这"三才"，节目就一定精彩。这"三才"，就是类型人物的典型化，它符合角色设计的两极化原理，每一个角色对应一个目的，通过具体的情境激发对立，以获得扩大冲突的机会。

最后就是表现手段和表达方式的典型，比如模式节

目 *The Voice* 最具标志意义的动作就是评委转身，它既体现了评委盲听的公平，又表示了他们态度的转变，更意味着歌手命运的变化，这么多重意涵凝聚在这一个转身的动作上，人们怎么会不期待，评委转身的那一刹那又怎么会不激动！而《中国新歌声》的滑道俯冲，虽然也可以算是一个有创意的设计，视觉上也还算有冲击力，但却没有了命运翻转的内涵，节目就一下子缺少了灵魂。再比如电影 *Crazy, Stupid, Love* 的画面表现，高级餐厅餐台下面，男人们锃光瓦亮的皮鞋与女人的各色高跟鞋亲密暧昧，只有韦弗脚蹬一双穿旧了的纽巴伦慢跑鞋和妻子的高跟鞋呈现出了距离，显示出了与这个餐厅甜蜜气氛的格格不入，然后镜头自桌下摇上，妻子说出了要和他离婚的话，寥寥几个镜头，就勾勒出了韦弗中年危机的状况。同样，电影 *Birdman*，大量运用长镜头在逼仄狭小的化妆间、走廊和楼梯之间运动，再辅以相应的鼓点，借以表现主人公焦灼焦虑的状态，让人印象深刻。

8. 情绪的塑造

　　情绪是强化体验、增强故事张力和推动故事发展的重要力量，作为对信息刺激的情感反馈，情绪能直接反映本能欲望与外部供应之间的关系，其间产生的心理落差，为故事人物的行动提供了动机，落差越大、情绪越凸显，动机越强烈、行为就越猛烈。

　　《三块广告牌》中海斯夫人的女儿惨遭奸杀，数月过去当地警署毫无破案进展，这与她尽快破案、缉拿凶手的愿望形成反差，再加上个别警察的不良作风，使她产生了警察不作为的看法，于是花重金买下三块广告牌来羞辱将死的警长，并往警署里面投燃烧瓶，如果她最开始就了解了办案的过程和难度，她的心理落差就不会这么大，或许也就没有了后续的激烈举动。

无论是故事角色还是观众，情绪都是被激发出来的，也就是都有一个情绪产生的缘由，这个缘由一定是具体的，具体的情境、具体的时间、具体的事件等，由此人物的情绪和行为才会得以激发，观众也因为共情的原因，随着故事人物走入那个具体而特定的事件当中去，把故事中的情节过程当成了自己的经历和体验。

情绪塑造要注意以下几个方面。

A．压力与情绪密切相连。在电视连续剧《父亲的身份》中，地下党员俞北平一开始就处于一种极度焦虑的情绪当中，并且也把这种情绪传染给了观众，原因就是他不得不面对的危险处境：他必须要与上线张瀚民接头，但他知道特务已在接头地点布下了埋伏，他只要出现，就意味着自己被暴露。在张瀚民牺牲后，他知道自己已被怀疑，但还必须要去下一个接头地点完成新的任务，在被特务堵个正着后，他知道保险柜里有组织的重要文件，但却不得不亲自打开，而如果敌人拿到了文件，新联系人却得不到任何警示进入接头地点，那后果将不堪设想，面对着这一系列连锁后果，他该怎么办？

B.具体事件孕育情绪。中央电视台曾经有一个公益广告，讲的是一个患有老年失忆症的父亲在餐馆里往衣服兜里塞饺子，这让儿子很没面子，正要发作之时，父亲却喃喃自语说要带回家给儿子，因为从小儿子就喜欢吃饺子……一个失忆到经常不认识自己儿子的老人，心心念念的却仍是儿子的饮食喜好，至深的父爱让人瞬间泪奔。

C.情绪的背后是逻辑，逻辑的背后是常识和常理。无论故事的想象多么奇伟瑰丽，也无论故事的叙述多么天马行空，都必须依靠严密的逻辑（行为逻辑、情感逻辑等）来支撑，尤其是行为和反应要符合生活的常识和常理，只有这样才会引发人们对故事真实感的认同。比如很多科幻题材的作品，虽然大家都知道那是虚构的内容，但故事结构合理、行为和情感符合逻辑，人们也就会沉浸在故事当中。相反一些现实类的故事，虽然事件来源真实，但情节安排匪夷所思，行为和反应与常理和逻辑相悖，这就很难让观众投入其中，甚至很多故事讲到悲痛处，剧中人物难过得不行，而观众却笑场，原因也在于此。

D. 情绪的产生还和心流（flow）有关。前面说过，故事的复杂程度要和目标观众的智力水平相匹配，太难或太易都会让人兴致索然，只有能力相当并具有一定的挑战性，通过适度努力能够完成时，人们才会持续兴奋。希区柯克的悬疑片之所以引人入胜，原因就是他在让人们紧张烧脑的同时，总会时不时地给观众一些智力上的犒赏，虽然结果最终还是在人们的意料之外，但整个叙事过程却与人们的心智水平相匹配，这样人们才会乐此不疲。如果挑战难度太大，那就不是看故事，而是在做考题了，人们当然避之不及。比如前些年有些综艺闯关节目设置了太多环节和规则，观众光记这些流程就非常不易，更别说全心投入了，反倒是那些规则简单，参与容易的节目大受欢迎。

9. 压力成就一切 ▶▶

压力的美妙之处，在于它能够让人物性格和价值取向在比缺少压力时得到更充分的展示，从而更有效地揭示出人性的本质和事件的真相。比如《玩偶之家》的海尔茂，假如他没有感觉到假冒签名事件对他的职业前程产生威胁，也许他会一直扮演一个有担当有爱心的好丈夫角色，始终对娜拉浓情蜜意下去。但柯洛克斯泰让他感受到了压力，他的真实内心便被逼显了出来，对妻子埋怨攻击不再怜爱，想方设法摘清自己的干系。所以我们说，得知真相的最好方法就是看一个人在压力之下做出怎样的选择，他如何对待困难和危机，又在这个过程中采取了哪些行动。

在所有的故事类型当中，人们最愿看的还是各种压力之下的故事，这可能是故事源起时留下的基因所致，也可能是压力之下的抉择与取舍能够带给人们更多的借鉴和启发，所以，制造压力是故事的天然使命。从大的方面讲，故事要通过结构的设置，给主人公施加越来越大的压力，让他身处两难，以此来揭示其真实本性，甚至显现出无意识的自我；从小的方面说，手法和细节的处理也要尽可能地凸显压力的存在，以便更好地增加故事的黏性。

比如电视剧《父亲的身份》，在表现俞北平冒险和地下党接头，去敌人埋伏好的地点取文件时，就让观众具有了上帝的视角，观众已经知道敌人设下埋伏，而俞北平却并不知道或者不确定，正在一步步迈向危险，这就让俞北平和观众同时具有了不同又相同的压力，俞北平面临的是能否完成任务和自身能否安全的压力，观众面临的是一步步看到俞北平走入险境却无法告知或阻止的压力，他们共同构成了对命运结果的焦虑和期待。

作为一种原理性的东西，压力的作用不仅适用于虚构类的故事，在纪实类的节目中也屡试不爽。比如我们在很多真人秀节目中看到有些明星自毁人气的表现，就是在压力之下的自然流露，尽管他们清楚地知道摄像机此时正对着自己，甚至也知道这样的自毁形象可能引发的后果，但那一时刻他们却难以自持，情绪必须要释放。当然，节目组这样做是否恰当和道德，另当别论。

压力的实质是匮乏，是匮乏的可支配资源与目的欲望之间的冲突。

A. 它首先表现在时间上，绝大部分压力的产生都是窘迫的时间与所要完成目标之间的矛盾，时间压力可以造成充分的紧张和焦虑，从而孕育出高质量的冲突和悬念。

B. 环境压力，所有外部的人和事对目标实现构成的制约和障碍。

C. 自身压力，主人公自身的局限和不足对他完成目标构成的障碍。

这三种压力往往相互交织，而增大压力的方式就是让故事人物的可支配资源更加匮乏，以便增大目标与心愿之间的鸿沟。我们之前说的要让观众知道主人公的一个大致目标，就是要为压力设计提供参照，如果观众不清楚主人公的目标是什么，就会游离在角色的思想感情之外，无法建立起情感关联。

你平庸，其实是你不懂

镜头、运动、灯光、剪辑等视频呈现手段，
创作者每天都在应用，但每一种手段的目的
和内涵却可能被我们忽略，这往往是导致影
像表现平庸的原因。

1. 你可能错误理解了可视化 ▶▶

对于一个真正会用视频讲故事的人来讲，可视化其实包含了两个层面的含义。

一是视觉表达要有情境依托，而不是用视觉符号直接翻译创作意图。也就是说，可视化是一个用具象的视觉意群将抽象的思想主题转化出来的过程，在这个过程中，创作者必须要寻找或设置出具体而合适的情境场景，通过人物的具体行为和动作，把相关的意图呈现出来。比如我们说丰收，不能一上来就是金色麦浪收割机，那是在图解概念，无法让情绪附着，而是要根据创作意图寻找或构建出一个关于丰收的具体事件，通过对人们行为状态的描述，让观众体会出丰收的含义来。这即便是对以说理为目的政论片也是如此，中央电视台的《将改革进行到底》《必由之路》等大型政论片，都是借助一个个鲜活感人的故事段落，将中国必须举什么旗、走什么路这样深邃宏大的政治主题表现出来的。

二是在具体的镜头运用上，影像的作用不是简单地给人看到，知道有这么个事就万事大吉，更要关注看到什么和怎样看到，将恰当的状态呈现出来，强化人们的情绪体验。比如要表现北方冬季冰面出行的不易，拍冰上摔倒也可以，拍汽车轮胎套着防滑链也可以，但如何才能让观众体会到那种在冰面上颤颤巍巍、小心紧张的感觉呢？纪录片《美丽中国·长城北望》是用这样一组镜头来表现的：A.垂直俯拍骑车人穿过冰冻河面的全景→B.以透明冰块做前景拍摄自行车驶过冰面→C.自行车过冰面的仰拍全景→D.从冰面倒影摇到行进中的车轱辘→E.骑车人扶稳车把小心前行的仰拍……其中，A.B.D.让人印象最为深刻，因为这些独特的取景很好地突出了冰冻的程度和骑行的不易，人们在光滑的冰面上行走都十分困难，更何况是骑自行车。这种让人既叹服又揪心的状态很容易把人们的情绪牵引到视频当中去，即便是没有任何故事情节，其视觉张力也会牵动人们的神经。

具体具象，是成功影像叙述的基本条件。所谓具体，就是具体的人、时间和环境，具象就是可见、可感知、可体会，就像三毛的那首诗，每想你一次，天上飘落一粒沙，从此形成了撒哈拉，每想你一次，天上就掉下一滴水，于是形成了太平洋……比如我们要讲思考，虽然这也是人们的一个具体行为，但是却不可见不具象，这时就要通过一些场景和情节的设计，把思考的过程和结果外化出来，让看不见的能被看见，看得见的更加强烈。

比如电视节目中，选手要在 1 分钟内答题闯关救人，这个时间的紧迫感怎样呈现？方法当然好多种，比如可以在场内放置一个时钟，主持人不断进行倒计时报数，也可以在屏幕上打出一个时间进度条，用快要消逝的时间营造紧张感，但如果这个时间进度条变成了选手脚下铺设的一个 1 分钟内依次消逝的 LED 屏，答对一个前进一步，让选手前进的速度与时间消逝的速度形成对比，效果就会更加明显。这样做既可以让观众更具象地看到时间和受时间影响的选手情绪命运的变化，又能让答题这个相对静态的过程动态了起来，这就更符合视频表现的特征。此外，这种极端化的情境设置会更加刺激选手的应激反应，使得他的表现更富戏剧性。当然，如果在1分钟结束后再设置相应的环节，比如成功者一下子就被从天而降的鲜花包围，失败者地面开裂，瞬间掉落进地下机关，相应的机位实时记录失败者的真实窘态等，就更有视觉效果。

举这些例子是想说明视频的呈现归根结底是一个体验程度的问题，讲牛的特征，你用挂图讲和真的牵一头牛到演播室，效果当然不一样，不是挂图讲不清楚牛的特征，而是观众的体验程度不一样，不同的感受程度决定着影像表现的品次，也最终影响着人们对故事的感受。

2. 景要如何取，图要怎么构

　　取景的目的是说什么，是要表达意思；构图则是怎么说，是要让表达有质量。只有取景构图相互作用，才能将信息传达和情绪体验融为一体，为表达增色。在具体应用中，创作者不仅要明白诸如远全中近特等镜头影像的物理特点，比如长焦的挤压感、广角的大景深，更要懂得它们对观众可能起到的心理作用，从而有意识地去利用这些因素提升画面的美学能量和信息质量。比如横向和纵向的线条，横向更多地给人以安宁平静之感，而纵向则让人产生兴奋和力量。再比如人们习惯性地认为在画框中，从左下到右上的斜线为上行，从左上到右下的斜线为下行，因此，在感觉下行的构图中拍摄上行的运动时，就会让人感觉特别吃力（图5—8）。还有通常人们会对画面右侧的注意力比左侧多一些，所以在拍摄时通常会把想要强调的东西安排在画面右侧等（图9）。这些都是创作者需要掌握的基本常识，它们与具体叙述相结合，就会产生富有表现力的镜头语言。

图5　横向的线条给人以安宁平和之感

图6　纵向的线条让人产生兴奋和力量

图7　人们习惯性地认为在画框中，从左下到右上的斜线为上行，即便是故意把镜头斜着拍，也会产生一种爬坡感

图8　从画面左上到右下，人们习惯性地认为是下行，物体的运动会产生加速感，在感觉下行的构图中拍摄上行的运动时，尤其会让人感觉吃力

我们接下来会用获得奥斯卡最佳摄影奖的电影《美国丽人》举例子，来说明取景构图在叙事上的一些基本考量，感兴趣的朋友可以找来片子对照着看一下。比如在电影中，莱斯特两次面对人力主管时，导演对画面的处理就很好地表现了莱斯特的心态变化：最开始的画面是这样的，从人力主管的视角俯视下去，坐在椅子上的莱斯特局促而委屈，人在整个画面中占比过小，面部处在光线暗处，身后绿植的黄叶也显得那么刺眼，与对面人力主管顶天立地的构图形成鲜明对比，这显示出了此时莱斯特的弱势状态；而之后莱斯想要活出自我，主动辞职并要挟主管补偿他一大笔钱时，莱斯特则自如地斜

图9　通常人们会对画面右侧的注意力比左侧多一些，所以在拍摄时一般会把想要强调的东西安排在画面右侧

坐在人力主管办公桌旁，景别也由之前的大全景变成了半身中景，配合着演员的表演，显示出了他此时心态的变化。更有意思的是，双方的过肩反打对话镜头中，摄影师都用了小角度的俯拍，用以表现双方对峙的情绪和彼此的不屑，莱斯特的胸像过肩镜头甚至粗暴地占据了画面的 1/2 处，并且半个脑袋在画外，用以显示出他的挑衅和任性，但是，最终对话场景的切换还是以人力主管居高临下的画面收尾，并且人力主管的面部有光线照亮，莱斯特的面部却没有光线，影像在这里不露声色地表达了价值观，虽然莱斯特的要挟成功了，但手段像个无赖，在道德上他输了。而之后，获胜的莱斯特驾车离开公司，高兴地在车里唱歌吸大麻，此时前挡风玻璃上一个个倒映的高楼大厦依次掠过，玻璃后面的莱斯特依稀可见，仿佛城市就在他脚下，忘形之态尽显其中。

好的画面表现不是独立存在的，背后是故事情节的要求，《美国丽人》中有四处身高不同的过肩对话拍摄，每一次取景的方式都不一样，一切似乎都自然地不能再自然，但是背后却是精密的场景设计。

第一处是校园中安吉拉向珍妮讲述瑞奇的过往经历，这引起了珍妮的好奇和好感，此时瑞奇走向了靠墙而立的珍妮并与她说起了偷拍的事情，这时双方的景别都是中景，力量是均衡的，但是当瑞奇说偷拍珍妮不是迷上她而是对她很好奇的时候，镜头一下子给了瑞奇一个头部的大特写，显示出了力量对比的变化，瑞奇变得强大，而之后的一个过肩俯拍摄珍妮的镜头，更是用强大的镜头力量对珍妮形成了碾压：瑞奇的肩膀占了2/3的画面，画面角落里的珍妮仰望着瑞奇，身后的白砖墙与作为画面前景的瑞奇背影将她挤压在中间，显示出她的情感已无处可逃。当这两个镜头再次重复一遍之后，珍妮羞涩地垂下眼睑，表明她已被瑞奇降服，瑞奇高大的背影逆光而去。

第二处的过肩拍摄是安吉拉、珍妮和莱斯特夫妇的停车场对话。虽然莱斯特夫妇作为成人，身高要比安吉拉高出好多，但是由于这是一次平等的礼节性对话，并且莱斯特还对安吉拉心怀鬼胎，气场上就更弱一层。因此，过肩的对话镜头都是以两个孩子为前景拍摄的，这样就利用视觉原理平衡了身高的差异，更具匠心的是，随着对话深入，莱斯特露骨地表现出了想接近安吉拉的心思，这令安吉拉很得意，此时莱斯特的镜头景别没有变化，而安吉拉的镜头却微微地放大了一些，头发有一部分已经出了画框。

第三处是在瑞奇的房间，瑞奇与珍妮相互拍摄，这一次的过肩镜头不管他俩谁拍谁，却都始终从珍妮的角度在拍，这表明珍妮在和瑞奇的关系中已经放松自如。最开始瑞奇是站着说话的，后来在珍妮问起瑞奇被关疯人院的原因时，他是坐说的，这看似自然的举动实际上为镜头变化埋下伏笔，珍妮从仰视瑞奇到俯视瑞奇，在画面高处听瑞奇袒露自己的过往，人们可以从这个镜头变化中体会其丰富微妙的含义。

第四处的过肩对话发生在雨夜安吉拉与珍妮争吵后，和莱斯特拥吻交谈的场景。这时内心虚弱的安吉拉需要莱斯特做依靠，再也没有了以往的戏谑和调侃，过肩镜头到这里才拍出了她俩真实的身高差异，安吉拉的过肩镜头是仰拍的，而莱斯特的过肩镜头俯看着安吉拉，宽大的肩膀将她包裹……

好的镜头画面还要充分利用场景细节，丰富其表现力。在电影中，有一个莱斯特趁女儿珍妮洗澡，偷看女儿的电话本给安吉拉打电话的搞笑桥段，莱斯特偷偷摸摸地在梳妆台前打电话时，他处在一种逆光和侧逆光的环境中，较暗的脸部光线配合演员到位的表演，把莱斯

特的小丑嘴脸和阴暗心理刻画了出来，而等到女儿出来
接听电话时，同样的场景却拍摄了镜中的珍妮，使得珍
妮的亮度较莱斯特强一些，也显示出了珍妮的磊落，当
然，这个取景也涉及了光线的问题。其实，镜头构图和
取景是一个涉及多个视觉要素的综合体，好的构图和取
景不仅仅是角度，还包括了色彩、光线、运动等诸多方
面，只不过我们为了方便讨论问题而进行了拆分。

3. 光线的魅力 ▶▶

　　光线对影像的作用不言而喻，它当然不只是照明，更是从外部和内部两方面引导我们的视觉和情绪感受。具体来说，光线的外部引导让我们感知空间、时间和质感，比如有了光照我们才知道物体的外部特征以及与环境的关系，才知道是白天或黑夜，才会利用硬光产生的高反差来强调老年人的面部皱纹等。光线的内部引导则可以营造情绪和氛围，比如顶光通常让人物显得狰狞和诡异，平光则显得正常等。布光就是利用内部和外部两种引导力量，引导人们以特定的方式去观看和感受，以达到创作者的预期目的。

我们还是以《美国丽人》为例，来归纳一下光线在镜头表现上的作用。

A. 塑造人物性格。由于瑞奇喜欢偷拍，并且有吸毒和进过疯人院的经历，在电影的前半部分，结合剧情需要，瑞奇的出场光线都是阴暗幽闭的。比如新邻居向瑞奇父亲送花祝贺乔迁，瑞奇头戴帽子站在一角，面部模糊晦暗；在校园里瑞奇向珍妮和安吉拉打招呼，背光而立，面部半明半暗，与珍妮和安吉拉明亮的面部光线形成鲜明对比。即便是在一些场景中有光线将他的面部照亮，也都是一些特殊角度和颜色的光源，比如晚上他偷拍莱斯特一家，摄像机液晶屏发出的清冷光照让他的脸显得阴森，夜晚他偷拍珍妮回家时被珍妮发现，他拉亮了头顶上的白炽灯，顶光照明让他的面庞显得恐怖等。

但是，当后来人们了解到他其实是一个善良有责任感的男孩时，他的光线造型变了，比如他两次被父亲弗兰克打倒在地，虽然脸上有血，但面部光线是亮的，虽然光源是顶光，但并不是从他的头部照下，而是直接打在了他的脸上，并且这是一种硬光，对刻画他的性格起到了隐喻的作用。再比如他在房间向珍妮诉说他被送进疯人院的原因，虽然光源较低，布景也较为独特，让整个环境气氛略显诡异，但却是黄色的暖光，电视屏幕中他的脸非常明亮真诚，一如他赤裸的身体在珍妮面前没有遮掩。

B. 强化环境气氛。莱斯特和卡洛琳参加的晚间酒会现场，除了用于演员造型的主摄影光源外，还有酒会大厅自带的壁灯、装饰灯等环境光源，加之酒会现场人头攒动、觥筹交错，使得酒会光效高雅柔和。但是屋外的空场却是由单一强光源控制的冷硬环境，既显得与场内气氛格格不入，又让人们产生了一种不安全感，把瑞奇和莱斯特安排在这里抽大麻，起码可以传达三层含义：第一，吸食大麻是一件和主流价值观不相符的事情，尽管在美国有些地方抽大麻是合法的；第二，他们是与主流世界不相容的弃子。第三，极端环境还有可能让他们做出一些更大胆和突兀的事情来。果然，瑞奇拒绝了老板让他继续服务的命令，这极大地刺激了莱斯特想活出自我的执念。

再比如弗兰克一家人在客厅看电视的镜头，底光照在弗兰克和妻子的脸上，让这个家庭的气氛更显怪异。

C. 引导视线，突出主体。瑞奇和珍妮在房间看塑胶袋随风飘舞的视频，随着瑞奇讲述他拍摄视频的动机，两个人的心越来越近，在光亮处，珍妮主动牵住了瑞奇的手，虽然这个光线是刻意的，却很好地牵引了人们的视线，突出了这个动作。再比如安吉拉在自家床上回拨莱斯特家的电话，光线让她的年轻肌肤性感迷人，虽然此时莱斯特看不到她，但是观众却感受到了安吉拉对莱斯特的巨大诱惑。

D. 突出对比，增强戏剧性。酒会上有这样一个场景，郁闷的莱斯特一个人在喝闷酒，侧逆光给他的身形勾了一个亮边，但脸是暗的，而妻子卡洛琳夸张笑声引出的却是另外一幅情景，视线处妻子与中介王夫妇谈笑风生，几个人的面部都被光线照亮。

再有莱斯特在房门外偷听女儿和安吉拉的谈话，黑暗中的莱斯特与室内明亮光线里的女孩形成了鲜明的反差，突出了莱斯特心怀鬼胎的效果。更能说明问题的是，在第一次莱斯特一家人吃晚餐的时候，妻子那时正踌躇满志，面部是有光的，而在莱斯特摔盘子那一次，卡洛琳的心态晦暗崩溃，这时候摄影就没有特别给卡洛琳面光，使她始终处在暗处，在随后女儿房间的谈话中，摄影也让卡洛琳背光而立，始终让她的脸是黑的，以此来强化她此时的心境。

这些光线的运用，虽是刻意设计，但由于和剧情场景深度融合，反倒让人感觉不到刻意的痕迹。当然，《美国丽人》是带有讽刺和黑色幽默色彩的剧情片，其故事本身就要求影像表现的戏剧性效果，这样的处理方式不一定适用于其他类型的内容表现，但基本道理是相通的。

4. 运动要有想法 ▶

运动分为拍摄对象本身的运动和摄像机自身的运动两种，拍摄对象的运动有时候能够按照导演的主观意图来进行，比如影视剧中演员的运动，有时候则掌控不了，你得适应他们，比如对某些重要事件和大人物的记录等。而摄像机自身的运动，如推拉摇移等则带有强烈的主观意图，它牵引着人们的视线，也唤起了人们的期待，因此这类镜头目的性就很强，很多时候落幅要回应观众的期待，当这种期待没有被满足时，人们就会失望。比如推，当镜头推上，关注点越来越集中时，如果被拍摄对象没有呈现出足够适配这个镜头的状态，这个推就很失败。再比如拉，为什么要拉开，想展示什么，在拉的过程中，逐渐进入人们视野的是否有超出人们意料之外的信息和惊喜，如果没有，这个拉也会很平庸。

每种镜头的运动对观众都有不同的心理作用和意味，好的运动总是能够与人们的信息诉求和情感期待相一致，甚至出现一些超出意外的惊喜。比如电影《路边野餐》，很多运动镜头都是以一个完全超乎预期的落幅出现，这就与电影的奇幻隐喻感觉吻合。

而镜头是否运动要与表现的内容相匹配，由于运动具有主观性，在一些强调客观的内容上，就要审慎。2018年全国两会新增设了宪法宣誓直播，央视的转播设计就很到位，整个宣誓仪式没有用一个推拉镜头，全是不同角度和景别的切换，这使得整个直播既客观理性又庄重大气，很好地突出了宪法宣誓的庄严感。

5. 认知有多高，剪辑有多妙 ▶▶

剪辑是按照编辑思路对视频素材进行组接，以形成特定意义秩序的手段。在实践中，几乎每一个创作者都有过抱怨素材不够或素材太烂的时候，但真实情况很可能是人们在使用素材时过于粗糙和粗放，思路也没有完全打开所致，很多时候静下心来，多看几遍素材，可能又会有完全不同的发现和想法。作为上帝之手，同样的素材依据不同的编辑原则和审美取向可以形成各种节奏不同、意思各异的文本，所以，剪辑的核心是创作者对事物的认知和理解，理解和认知上去了，剪辑自然也就有了风格和特点。

20世纪90年代末，中央电视台曾经引进过一部《失落的文明》系列纪录片，讲述古希腊和古埃及的考古发现，这个节目带给了国内同行两个冲击：一是片中大量运用再现手法呈现古代文明的生活景象，二是他们的剪辑理念和我们不一样。同样是讲述考古的纪录片，《失落的文明》剪辑明快而富有现代感，而当时我们的文史类纪录片却缓慢沉重，这当然与《失落的文明》用情景再现讲故事的手法有关，因为有人有动作，画面就容易剪出情节和故事，但是即便是现在，情景再现的手法已经大量运用在我们的文物考古类纪录片中，很多片子的

图10　历史文化在你眼里是什么节奏，片子剪辑便会是什么节奏

节奏也还是沉重缓慢的，这其实就和我们看待历史文化的态度有关，剪辑缓慢是因为创作者潜意识里认为历史文化类内容就应该是节奏缓慢、庄重严肃的，这当然是一种刻板印象，适当地转换一种态度，就可能出现不一样的结果，比如这几年故宫出品的一些纪录片和文创短视频，以及央视的《如果国宝会说话》等，就风格清新，让人眼前一亮，吸引了大量青年观众（图10）。

剪辑是作者把对世界的理解和感受固化为具体形式的过程，理解和感受世界的方式有多少种，剪辑的表现便有多少样，在遵循基本视频表达逻辑的前提下，导演和剪辑尽可以探索更精微地呈现人们感受的途径。比如在《生命之树》《通往仙境》等影片中，我们可以感受到导演马力克（Terrence Terry Malick）运用非常规的剪辑手段将人物的内心状态具体而动态地呈现出来的效果：大量的运动镜头在进行中就被切断，间或又会插入一两个看似毫不相关的画面，整个剪辑既快又碎又跳，让人眼花缭乱。这种剪辑初看可能不适应，但很快就会觉得这样反倒能够描摹出某些情境下人们的真实思维和情绪状况，能够将某些隐秘而幽微的东西表达出来。比如我们去找某个人，在即将见面的时候或许心里并不是那么全神贯注，也可能会有其他一些不相关的念头闪现，这可能是完全不自主的，自己也描述不出来，但却是真实的内心活动。这个见面的过程在常规的视频表现中，画面可能就是人一进门，然后彼此见面交谈就完事了，顶多觉得有必要时再增加一些细节呈现，或者用解说与旁白进行说明，但这种细节或解说也只是就人物的主要思想状态而言的，那些更细微的思想闪烁却不可能被呈现出来，因为它本身就是不可名状的。而在马力克那里，他却通过剪辑把这些脑海中幽微的吉光片羽与人物的具体动作行为进行了嫁接，既表现了过程，又反映了某种思绪及情绪的状态起伏，表现出了某种更为深入的真实，可以说是十分具有创造性。

其实我们大家现在早已习惯的影像语言，都是通过长期观看训练出来的结果，正如巴赞在《电影美学》里所讲的那个从来没看过电影的西伯利亚聪明姑娘第一次看电影时被分镜头吓得面色苍白，感到人体被大卸八块，但多看一些也就懂得了一样。只要相关的剪辑探索能够更方便和恰切地表达出某些情绪和意图，受到更广泛的认同也就是早晚的事。

6. 不要忽视声音

　　对于视听作品来讲，声音和画面同等重要。所谓电影电视是视觉艺术的说法当然是错误的，因为电视天生就是视听媒体，而电影虽然在默片时代就发展出了独立的视觉美学，但在有声片后又变成了声画一体的表意系统，况且即便是默片，也离不开音乐的衬托和调节，视觉呈现也要遵从语言的表意秩序，否则观众便不知所云。

　　作为思想的直接现实，语言文字是思想最直接的反映形式，反过来又影响着思想的产生。语言所及之处，便是思想所及之处，影像表达从来都是依托语言的底层逻辑和边界存在的，而声音作为语言的外化，最能直接反映语言的意图。比如我们都曾有过这样的体会，你如果把视听作品中的解说、对话等声音关掉，只看画面，通常很难清楚地知道节目是在说什么，而反过来，只听声音不看画面，尽管少了一些视觉感受，却也并不妨碍对内容的理解。再比如相同的画面内容，甚至是指向性非常强的画面组合，如果配上意思迥然不同的解说或对话，整体传达出来的也是两个含义，所以在视频故事中，要高度重视语言声音的运用。

对话、解说、独白等表意的声音我们可以称为文字性声音，它们建构了内容的秩序和意义，体现了文字语言对视觉呈现的决定性力量。在某种程度上，语言和视觉更像是创意与执行、骨骼与肌肉的关系，语言想象的匮乏必然导致故事话语方式的匮乏，话语运用的习惯也影响着影像表达的特点，这就很好地说明了为什么不同地域和文化习俗的人，在镜头运用、剪辑处理、叙事方法上会稍有差异的原因。

其他的诸如音乐、音效、背景声等表情的声音，我们称之为非文字性声音，它们的作用是引导和强化故事的情绪，增强人们的体验。通常情况下，文字性声音和非文字性声音是一起使用的，比如下雨天一对情侣在漫步，他俩的对话交代了内容，下雨声让我们真实地感受到了环境，而音乐则配合具体的对话引导着我们的情绪。在很多影视作品中，没有这些非文字性声音，就完全达不到希望的效果，比如希区柯克《惊魂记》里浴室谋杀的那场戏，如果拿掉了那段电影音乐，就几乎没有了紧张感。

问题是为什么在影视作品中，声音如此重要却又如此隐形，以至于无论是创作者还是观众都不自觉地忽略了它的存在，只记住了画面呢？或许是大脑让我们产生了错觉，因为大脑在接受外部信息时，目前公认的说法是视觉占了80%以上，而听觉只占了11%左右，所以尽管在很多故事中，是声音帮助我们建立了基本的理解和感受，但我们印象深刻的却是某个精彩的画面和镜头。

7. 心理时间的调控 ▶▶

我们都曾有过这样的体会，有时候看一个时长很长的节目，感觉一会儿就看完了，时间过得很快，而有时候一个时长较短的节目，却让我们感到时间漫长，似乎总也看不完，这就是人们对故事的心理感受不同所造成的主观时间与客观时间的差异。

客观时间就是钟表时间，是故事的实际长度，主观时间是心理时间，是人们能感受到的时间长度，它具有相对性，主观时间的长短是衡量人们是否喜爱一个内容的标尺。

影响主观时间感受的因素，首先是人们对时间流动速度和持续时间长短的情绪感觉，观众越喜欢，就越会感觉时间过得快，而较快的对话、运动以及场景切换，由于带来了高密度的信息能量，也会在形式上让人产生时间快速流动的感觉。如果观众不喜欢，或者在故事呈现当中，叙事拖沓，层次不明，观众就会觉得时间凝滞，故事的能量密度也随之降低。在具体的故事表述中，创作者当然可以通过剪掉冗长镜头和拖沓对话来让表达更精练，但这往往不是让观众感到厌倦的根源，根源还是在选题和结构上。

慢动作和快动作是靠打破时间流动的规律性来表达意图的，比如慢动作作为时间的特写，其作用其实并不是使感受慢下来，而是通过暂时打断对速度的感知步调来对某种状况进行强调，比如扣篮，之前都是正常的速度，但是在球员腾空跃起扣篮时，动作变慢，人们可以清晰地看到球员的每一个动作和身体部位的变化、球与篮筐接触时的轻微变形等，从而增强观众在这一刻的发现和体验。快动作则正相反，它是给速度一个暂时的推动，来实现对时间的快速浏览等。

其次是节奏，节奏是一种时间结构，是片段（镜头、场景、段落）与片段之间，以及各片段内部的时间流动形成的，节奏的快慢也影响着人们对时间的感知。

第三是事物本身的运动，它是指发生被拍摄对象的实际运动速度。

第四是摄像机的运动，包括推拉摇移升降等摄像机本身的运动以及变焦推拉等，不同的景别也会产生不一样的速度感，比如同样是一个人匀速奔跑，大全景与中景相比，中景明显就会感觉速度要快些。

第五是剪辑，剪辑及其音乐、音效是在技术层面上最终调节主观时间感受的手段。

主观时间感受长了，人们就会觉得枯燥和乏味。在某种程度上，故事的效果就是客观时间和主观时间的赛跑。在说清楚事情的基础上，主观时间跑赢了客观时间，一个50分钟的内容让人们感觉只有30分钟，那故事就精彩。如果相反，客观时间跑赢了主观时间，30分钟的内容让观众看成了50分钟，那必然就不受欢迎了。

8. 枯燥的原因 ▶▶

不管是虚构还是纪实，也不管是哪种表现形态，一个故事让人感到枯燥，主观时间感受漫长，首要原因当然是选题本身不吸引人，同时，呈现方式的处理不当也会让有意思的选题变得枯燥。

首先是不具体，具体对故事的作用有三个。一是让故事得以进行，具体是一切叙述的基础，人的感知都是基于具体的信息刺激产生的，缺少了具体的情境、事件和细节的激发，叙述便没有了抓手，故事也难以深入，而不深入就缺少发现，缺少发现便没有新意。二是让情感得以安放，人的情感是依附于具体的情境和事件产生的，个人体验之所以具有普遍性，是因为同理和共情，而这些都需要有一个具体的触发点来实现。三是让故事独一无二，无可替代。故事只有具体了，才能让故事中的要素彼此咬合，互为依附和激发，改变任何一个，其他要素就要做出相应调整，否则就不协调、不匹配。比如电影《谍中谍》里面的很多场景和行动设置都是为汤姆·克鲁斯专门设计的，如果换成了汤姆·汉克斯，那么故事的呈现方式和相应的情节桥段恐怕就要重新安排，因为他俩的特质不一样，把克鲁斯的套路给汉克斯，就会像人穿错了衣服，显得滑稽和突兀。同样，节目中白岩松说出的话，换了撒贝宁照讲一遍，就会让人感到别扭，原因就是在这里。

其次是不感性，视频故事用视听语言说话，强调的就是状态化、体验化思维，是让你通过视频描述直观地体会到内容意图，而不是从概念出发，用现象去引出概念，再用概念去解释现象。

举例，比如说我们要讲述雾霾对健康的危害时，用概念化的思维通常是这样表述的：可吸入颗粒物 PM2.5 是什么，它为什么会对呼吸系统产生影响，不同等级的 PM2.5 浓度对人体危害程度是怎样的等，虽然这些内容你可以用相应的画面和动画表现清楚，比如能见度很低、医院人满为患、大人小孩不停咳嗽、空气净化器脱销、被污染了的肺等，但总觉得生硬宽泛，缺少一些真正打动人心的东西。那就改进一下，在表达时将概念弱化，增加一些过程和体验，比如我们可以把 PM2.5 的危害和一个患者的经历结合起来，有了人做主线，有了具体的遭遇和感受，在呈现方式上就会自如和感性许多，也不用那么拘谨地对着解说贴画面了。那么，还有没有进一步拓展的空间，让体验更感性和强烈呢？

比如我们可以这样表达：在家里距上班地点不到 4 公里的直线距离中，当 PM2.5 低于 50 微克 / 立方米的时候，我能够清晰地看到单位附近的地标建筑，但是当 PM2.5 达到 200 微克 / 立方米时，那个地标就只剩下一个模糊的影子，超过 250 微克 / 立方米时，就完全看不到它了。假如把这 4 公里的距离切分成若干薄如纸片的小切片，每一片里分布着同等数量的 PM2.5 颗粒，空气质量好时，每片有 10 个可吸入颗粒物，空气质量不好时，每片有 10000 个可吸入颗粒物，那么当空气质量不好时，从家里到单位，要穿越多少比空气质量好时危险得多的污染障碍，这些污染物质通过我的鼻腔进入呼吸道、肺、血液系统，对我的身体构成了多么巨大而又不可逆的伤害，长此以往的话，我的身体是否能够承受……如果这样处理，是不是能够在视觉体验上更具感性和冲击力，也让人们对空气污染的危害更关注了呢？

再次是场景问题，场景的数量不够，缺少变换，会让人感到枯燥。比如一个电影通常由40个以上的场景构成，而你的电影却只有二十几个甚至更少，那么在时长相同的情况下，人物在一个场景中的滞留时间就会增加，假如人物在这个场景中又缺少有效的行动支撑的话，观众就会很难受。此时的解决之道就是及时切换到其他场景当中去，用新的时空信息去激发人物的新行动。比如电影《世贸中心》，两个警察被倒塌的建筑掩埋在几十米深处的地下狭小空间，尽管他们的扮演者是尼古拉斯·凯奇和迈克尔·佩纳这样的大牌明星，但如果大量的镜头都局限在这个灰暗狭小的废墟里，再好的演技也会让观众厌倦，此时最好的办法就是开拓出新的场景空间来增加叙述的丰富度，于是影片便设置了这两名原本陌生的警察各自讲述家人的故事，来作为保持他们清醒的手段的情节，这样一来，故事的呈现空间就由地下废墟扩展到了双方各自家庭的方方面面，不仅丰富了画面表现，也让叙事更加丰满立体。当然，无论是电影还是纪录片，都不乏三五个场景甚至是一两个场景就构成一部优秀作品的情况，比如侯麦（Eric Rohmer）和波兰斯基（Roman Polanski）的某些作品，但并不构成一般情况。

还有就是场景缺乏特征和个性，人物缺少动感，"动"是视频表现的基本要求，即便是思想之动，也要设计出外化的行动来让观众看到感受到。从这个标准看，办公室、实验室、法庭甚至是手术室的场景环境，如果没有一个特别的原因让人们产生特别的行动的话，通常就会让人们感到乏味，原因是这类场景大多是程序性工作，缺少冲突和悬念，比如手术室，如果通篇都是医生在无影灯下切切缝缝，或者法庭控辩双方就同一问题反复质证，影像该是多么无趣，而如果手术过程中突然意外大出血，患者生命垂危，或医生不小心切破了自己的手指，而这位患者又是一个严重的传染病感染者……那么扣人心弦的事情就来了，所以如果必须要出现这样场景的话，通常是展现工作问题难以解决的时刻，或者结果出现之时，因为这样可以让矛盾和情感集中，消解场景的乏味。

9. 先有态度、后有角度 ▸▸

　　角度对故事创作的重要性不言而喻，同样的事情因为不同的角度，就会产生不同的切入方式和内容表现，人们的感受也会大相径庭，因此，费尽心力地找角度也就是可以理解的事情了。

　　可是，在对事情缺少态度的前提下找角度，实在是一件荒谬的事情，因为角度不是找出来的，角度本质上是一种理解和发现，是创作者态度与看法的自然流露，而态度与看法又源于你对事物的理解和认知，见解有多深，角度就有多新。伯格曼、布列松、小津安二郎之所以是大师，故事的切入方法和镜头语言之所以那么新颖独特，原因就是他们对事物的思考和感受程度超过了普通导演。你的思维和见解上不了层次，寻找角度的能力和水平也高不到哪里去。

现在经常会有一些如何找角度的培训，就是拿着一些经典作品，总结归纳出一些发现角度的方法和技巧。的确，影视创作应该多学习多借鉴，尤其是经典的作品，因为经典之所以有意义，就在于它能提出一些重要问题，带给人们一些根本性的启发，但切不可为了角度而角度，所有经典角度和手法的背后都是为了配合相应的故事意图，脱离意图谈方法，无异于刻舟求剑。

所以我们学习经典，研读经典作品的创作方法，不应该只是把它当作一个套路拿去使用，而是要细致地分析它们产生的条件和原因，寻找思想与表现之间的逻辑关系，这样才能为内容创意提供借鉴。

10. 为什么会俗套

　　俗套从字面上解，俗就是从众、人云亦云，套就是套路，路径依赖，它固然有创作者格调偏好的原因，但本质上还是创作力不足的表现。俗套的极致是低俗，见识低、眼界低、创作力不足，但又渴望找到一个取巧的方法去吸引人们的关注，低俗就会出现。它最明显的特征就是创作者不是用提升认知水平的方式来让观众获得情感满足和生理兴奋，而是把注意力放到了刺激观众的感官上。

　　我们说过，人们之所以对某个故事感兴趣，是因为这个故事契合或激发了人们心中的某种欲念，这使得人们在获得相关信息的同时，也激发了某些生理上的兴奋，获得了情感满足，这是信息作用于生理上的一个基本机制。好的视频故事创作者，在认知和表达上要适度领先观众，这样才能通过提升人们的认知水平来让大家获得生理上的快慰。而那些不能通过更高水平的认知来让观众产生生理兴奋的创作，就只好用相对原始和初级的办法来吸引观众的注意力了。

我们这里说的原始和初级，并不单单是指低级趣味，更泛指所有对事物缺乏创新、习惯于路径依赖并觊觎获得最大传播效果的做法，它本质上不是在做产品，而是在做原料。做产品是根据原料的特征和可能性，不断丰富和深化利用原料的方式和途径，并赋予它们新的使用意义，同时还会根据新的发现和认识，去对原料进行再理解和再定义，这样又会衍生出新的产品，如此往复，以至无穷。而做原料是只盯住原料的基本特性和最直接的使用功能打转转，眼睛里就是那么大的空间，再也不会有新的开拓，最终要想把原料卖个好价钱，就只能靠赤膊上阵了。比如某知名美食节目最开始在进行前期策划时，一些人就曾建议用明星做美食的模式，因为他们认为明星是直接吸引眼球、带动收视率的动力，单靠食物本身是无法引发更多关注的。后来这个想法没被采纳，那个节目也因专注呈现寻常食物与普通百姓的生活关系而备受人们的喜爱，从而拓展了美食节目的内涵和外延。其实最开始明星与美食的想法也不是不能做，做出来也会挺吸引人，但实质上还是明星带货，是靠明星的流量给食物做加持，而不是对食物本身的认识和拓展，这种常规的套路显然不会产生如今这样巨大的影响。

因何记录

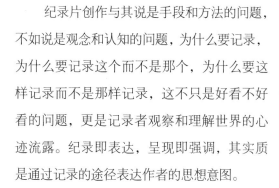

　　纪录片创作与其说是手段和方法的问题，不如说是观念和认知的问题，为什么要记录，为什么要记录这个而不是那个，为什么要这样记录而不是那样记录，这不只是好看不好看的问题，更是记录者观察和理解世界的心迹流露。纪录即表达，呈现即强调，其实质是通过记录的途径表达作者的思想意图。

　　根本就不存在像不像纪录片的问题，只存在像不像我们刻板印象中的纪录片的问题。

1. 纪实与真实 ▶▶

故事有虚构和非虚构之分，虚构就是无中生有，用想象创造故事人物和情节，制造悬念冲突。非虚构则是对真实事件的描述或记录，其目的在于选择和筹划那些能够表达作者意图的发现，并将之形成一个既不违背事实，又能诱导人们按照作者的意图去体会和联想的意义秩序。这其中，最常见的就是纪录片了。

纪录片的题材无所不包，呈现方式也多种多样，比如纪实、再现、文献资料，以及其他一切有助于内容呈现的手段，它们或独立或杂糅地完成纪录片的叙事使命。这其中，纪实是最有效地表达和桥接其他呈现方式的途径。所谓纪实，就是对事情或事件的现场报道或记录，它一是让内容具有现场感和真实感，二是可以带给观众鲜活的信息和细节，因而被广泛应用。

　　绝大多数纪录片都在追求"客观"的效果，但作为一种主观建构，经过了选择性拍摄和剪辑编码了的纪录片，已经和原始事件有了不同。这种不同不是说为了达到某种叙述目的，对事件的基本事实进行了改变，而是在尊重事实的前提下，通过素材筛选、叙述结构搭建、话语方式处理等手段，重构人们对事实的感受和认知，赋予内容新的故事意义。比如在波士顿爆炸事件中，虽然爆炸点现场凄惨，人们极度惊恐，但就在爆炸点不远处的地方，人们却浑然不觉，依然沉浸在欢快的气氛当中，甚至很多人是事后通过新闻才知道附近发生了恐怖袭击，这应该是当时马拉松现场的实际情况。但是相关的新闻和纪录片却将重心放在了如何突出暴恐危害以及社会救助上面，那些不能反映救助情况的场景则被过滤掉了，它没有违反真实性原则，也没有编造事实，而是在某一点上对信息进行了取舍和放大。

　　在真实的范围内发现和取舍事实，是纪录片人的基本要求，纪录片要用原始事件当中的重要信息来构建故事，它要表现的不是原始事件的流程和经过，而是符合故事意图的重要信息和细节。纪录片人通常要通过剪裁、折叠和重构的方式对原始信息进行加工，以增强故事效果，并达到隐性说服的目的。其中，剪裁就是要从模糊一片的信息里面减掉不重要的事实，留下重要的事实，以突出主线；折叠就是要特别地突出一些事实和细节，以支持自己的主张；而重构则是重新设置语境和话语方式，将相关信息放置在作者想要放置的背景或情境中，以重新塑造它的性质和意义。这三种手法方法依次递进、相互融合，其中，剪裁和折叠比较容易理解，这里就不多说了，而重新设置语境和话语方式，让人们对同一件事情产生不同的态度和感觉，我们可以举例说明。比如我们想拍摄一个关于妇女堕胎的纪录片，如果目的是想要让观众感觉堕胎有违人伦，进而在情感上产生排斥，那么就要把它放置在一个普通人感受的背景之下，这是因为堕胎的细节过程在一般人眼中是较为刺激血腥的，这样就会诱导人们的情绪朝着导演希望的方向发展。而假如把堕胎手术放置在一个医学的背景环境之下，观众就会冷静和理性许多，因为它已经变成了一个科学问题。所以，同一件事情，同样的眼见为实，在不同的语境和话语方式之下就产生了完全不同的意义和效果，高明的纪录片导演就是用这样的方式去实现表达意图的。

2. 静观与深观 ▶▶

　　因为对事物的态度和美学追求不同，纪录片在看待
和表现事物时大致可以分为静观和深观两种方法，当然
在虚构类作品中也可以用。静观就是不加介入地注视一
个事件，尽可能忠实地报道它，这样就会在形式上给人
造成一种客观呈现的"真实感"，比如曾经广泛应用的
长镜头，就会在形式上给人一种忠实记录的感觉。深观
则是"尽量仔细地查寻事件并深入其表象背后去探求事
件的结构，如有可能，探求事件的核心本质，它要告诉
观众被一般观察者忽略了的事件侧面，提供给观众对事

件本质的洞察"[1]。深观虽然在形式上不像静观那样"客观"，但却有可能因为揭示了事物的内在联系而呈现出更为深刻的真实，这一切都取决于记录者想要什么。

静观的作用是记录和澄清，深观则是强化和揭示。比如拍摄两个人讲话，静观从头到尾只需要一个长镜头把两个人说话过程记录下来就可以了，这样就会显得客观冷静。而深观则需要在两者之间根据话语内容和情绪表现进行视点、景别、角度、速度的切换和控制，以强调含义、突出氛围。

静观和深观给人们带来的视觉体验和时间感受是不一样的，静观是一种相对客观的记录，由于较少让镜头变化，其屏幕能量与节奏速度主要来自所记录事件本身的能量与速度，在理论上讲，其主观时间的体验和客观时间相接近。但是由于摄像机是单眼视觉，而人是双眼视觉，并且在真实世界当中人们的视域要远较电视机的屏幕视域宽阔自由，所以在实际感受上，静观会让人觉得主观时间比客观时间长一些，这也就是为什么人们感到用静观的方式拍摄纪实影像较为缓慢的原因。而深观

---

① 赫伯特·泽尔特：《实用媒体美学：图像、声音、运动》，赵淼淼译，北京广播学院出版社，2000，第186页。

则不一样，其镜头的运动变化赋予了屏幕画面以新的能量密度，根据主观意图重新分配的速度和节奏也改变了原始事件的节奏和速度，在使观众产生了较强带入感的同时，也让视觉呈现更加丰富，导演对时间感受的控制也更加自由。现在越来越多的纪录片采用深观的方式去表现，也是这个原因。

对于纪录片来讲，静观与深观表面上是对观看方式的不同处理，实际上是对何谓真实、如何真实的态度和理解差异。对真实的探问始终是纪录片人的使命，每一点认识都会激发更有效的呈现手段的应用。比如埃洛·莫里斯（Errol Morris）就认为，照片揭示真相的能力就跟模糊事实的本领一样强，我们眼睛所看到的，往往由我们所相信的东西决定，据此他率先在纪录片中采用了情景再现的方法。再比如在周兵的纪录电影《穿越丝路的花雨》中，运用纪实与写意的创新影像，希望将创作者的精神空间和心理空间呈现出来，这些都是纪录片在如何更有效地呈现真实方面提出的新问题、想出的新办法。

3. 拍摄与干预 ▶▶

　　纪实的前提是记录下拍摄对象的真实行为，这个真实是指不被操控和导演，能够呈现出拍摄对象的本真状态。问题是怎样才算本真状态？我们知道，人们只要被注视，就会较之前没被注视时产生行为上的变形，也就是说只要拍摄对象意识到他被拍摄甚至被传播，就会和非拍摄时的状态不一样。那么，纪录片导演应该如何处理这个问题，最大限度地为观众还原出被拍摄对象的本真状态呢？

　　一个最可行的办法，就是深入了解拍摄对象的行为习惯和思想特征，抓取其最本质的特点，在不得不进行干预的时候，能够给出符合拍摄对象行为特征的建议和意见，而不是想当然地要求被拍摄对象按照导演的意图来"表演"，或者是不顾拍摄对象的感受，采用极端方式达到某种"真实"的目的。比如有一位导演在拍摄他患病母亲的纪录片时，经常采用突然闯入的方式进行拍摄，因为他觉得这样才能捕捉到母亲的真实状态，这常常让母亲措手不及，也深感不快。因为他母亲一贯注意仪态，总愿意以最好的形象示人，在每次知道自己要被拍摄时，总是尽可能地把自己打扮得漂亮一些，但儿子却总是把这个愿望打破。那么，哪种真实才是真正的真实呢？

其实两种情况都是真实，问题在于你的价值倾向在哪里，还有是否表现出了对拍摄对象的足够关怀和尊重。我们是否可以这样理解，儿子所追求的真实仅是出于自己的单方面诉求，它真实却残酷，并且也不能反映出母亲内心的真实意愿。相比较母亲不愿示人的衰弱和不堪，在被拍摄时尽量以最好的姿态出现，才是她最本真的愿望。或许用母亲的这种状态去构架内容、捕捉细节，更能够反映所谓真实，也更可以向拍摄对象表达敬意。所以，纪录片在拍摄时最该在意的或许不是是否进了干预和导演，而是你能不能抓住拍摄对象的真实意愿，反映出他们本真的行为逻辑。

4. 呈现感受

纪录片创作者在面对真实事件时，不可能不产生切实的感受，这种感受是和自己的观察方式、思维方法和个性气质联系在一起的，每个人都会不同。这些感受和理解上的差异，构成了心灵世界的多样性，它独特而珍贵，创作者把这些最本真的感受呈现并放大出来，就成了纪录片中最可贵的气质与个性的体现。导演张景为了用影像留住散落在民间的各种手艺，不惜卖掉北京的房子筹款，在纪录片《寻找手艺》中，他把自己的拍摄初衷、挫折、感悟，甚至是反省和批判都在片中进行了呈现。比如他在藏区拍工匠土旦做佛像的手艺时，了解到土旦其实很能挣钱，但却为了信仰将钱无偿地捐献给了寺庙，而且是用有钱时捐金子和佛像（比如这次他要捐的佛像光成本就有 30 万），没钱的时候就免费给寺庙出人工这种最朴素的方式进行的。那一刻张景突然觉得自己很渺小，虽然在很多人的眼中，他卖掉房产做纪录片拯救手艺人的举动十分了不起，甚至张景也常为自己的义举感动，但与土旦相比，自己只能算是投机，说到底是为了获得更大的利益，土旦的淡泊让他无地自容，观众也为张景的真诚所打动。真诚和真实是纪录片的生命，正是靠着对所见、所思、所感不加矫饰地呈现，这个缺少传统意义上的故事线、影像呈现又比较粗砺的"非专业"纪录片才能如此打动人心。再比如纪录片 *The Edge Of Democracy* 的导演佩特拉·科斯塔不仅在影片的解说中表达了很多个人的感受，更时不时地进入画面里，向观众描述自己在那一刻的所思所感，这使得这部记述巴西政坛大事件的纪录片具有了个性化的色彩，也因其个人感受的呈现让片子具有了更多的说服力。

千万不要因为自己的感受与大多数人有差异就怀疑自己不正确，也千万不要追求一个所谓"标准"纪录片的样子，纪录片是呈现真情实感的途径，创作者自己先把它掐灭了，内容和形式的创新也就不存在了。

5. 主题怎样确立 ▶▶

　　主题是一个故事潜在的中心思想，主题的确立十分重要，因为一切叙述资源，包括情节、事例和结构都是围绕着主题去配置的，并由此形成一个故事链。

　　主题的确立一般分为两种情况，一种是一开始就有着较为明确的构想，比如《东方主战场》，从立项之初就确定了这是一部反映中国作为世界反法西斯战争的重要力量，对整个反法西斯战争的最终胜利做出了重要贡献的大型系列纪录片，虽然播出的节目与最初的脚本之间有很多不同，但基本主题和内容框架没有变。这类纪录片通常包括那些历史文化、文献，以及具有话题性质、非进程性事件的内容，如《舌尖上的中国》《互联网时代》等，它们的拍摄过程基本可控，导演的主观意图也能得到较为完整的体现。

这类纪录片更多要求的是导演对信息的整合与再发现能力，强调对既有认知的多维度、多角度拓展。比如纪录片《中国文房四宝》，看名称就知道是说笔墨纸砚的，但这些大家都熟悉的东西还能说出什么新意，创作者又想带给人们什么样的启示呢？最终，导演们决定从历史、情感、文化和现实这四个维度反映笔墨纸砚的前世今生，他们打破了笔墨纸砚单独成集的习惯思维，从以下这六个方面对内容进行了重构。

第一集《博采》讲原料采集，体现博采众长的动力源头。

第二集《造化》讲人文情趣，体现登峰造极的演进历程。

第三集《匠心》讲独特制作，体现精益求精的工匠精神。

第四集《时风》讲风格流变，体现推陈出新的时代风度。

第五集《传播》讲交流融合，体现广泛深远的传播影响。

第六集《遗产》讲根脉传承，体现弥足珍贵的遗产传承。[①]

另一种情况是导演最开始只能对原始事件进行价值判断，无法构建出基本的故事主题，并且拍摄过程也不可控，它记录的往往是那些当下正在发生的进程性事件。比如拍摄三峡移民的纪录片，在移民动迁过程当中发生了什么事，有什么样的冲突和曲折，新环境又对他们带来了哪些具体的影响等，这些在没有发生前都是不知道的，创作者只能在事情发生时尽可能地靠近和记录。

虽然创作者不掌控事件的进程，但这并不意味着他们的被动和盲目。事实上，纪录片导演总是在对事件判断的基础上，有重点地拍摄那些他们认为有价值的东西，并且随着事件的发展变化，不断地构思着故事的各种可能。比如纪录片 *Troublesome Creek*（《麻烦的溪流》），就是作者斯蒂文·阿瑟（Steven Ascher）和珍

---

① 吕松山、孙剑英、刘颖：《中外优秀纪录片创作与营销实战经验宝典》，中国广播影视出版社，2017，第 193 页。

妮·乔丹（Jeanne Jordan）认为在衣阿华州的一个即将被拍卖的农场里面应该会有一些打动人心的事情发生，于是就在一年半的时间里，分四次对这个农场进行了拍摄。在拍摄中他们根据实际情况确定了一些感兴趣的方向，比如农民们为完成种植及拍卖进行的努力，主要人物的家庭生活以及乡村的沧桑变迁等，但他们心里清楚，这都不是他们最终想要的那个激动人心的主题，直到最后在剪辑环节时，通过对素材的不断梳理，故事主题才得以明确，那就是要讲一个乔丹全家为拯救农场而斗争的故事。而两段不同时期拍摄到的猫在谷仓、猫在农夫怀里的素材，经过剪辑之后就成了猫从谷仓跳到了农夫怀里的画面，表达了农场正处在动荡边缘的隐喻。

6. 怎样隐性说服

　　任何故事的叙事都可以分成两个部分，即信息的处理和时间的安排，纪录片也不例外，它要在不虚构事件情节，不使观众对事件的逻辑顺序和因果关系产生误解的前提下，将这两部分进行有机处理，让纪录片既引人入胜，又可以不留痕迹地表达出作者的主张，以达到隐性说服的目的。

　　信息处理是对一系列叙事要素的创造性安排，它通过对信息的裁剪，梳理出故事的主线；通过对信息的折叠，强化和放大作者想要强调的东西；通过对语境和话语方式的不同设置，将相关信息放置在作者想要放置的背景和情境当中，以重新塑造它们的性质和意义。

时间安排则是通过对叙述顺序和时间比重的调整来突出重点、增强故事性，叙述并不是对事件经过的原始照搬，有些在真实事件中相当漫长的过程，可能根据叙述需要瞬间就被带过，而有些在真实过程中很短暂的过程，因为是叙述的重点，则需要在纪录片中花费较长的时间去描述。尊重事实并不意味着你必须要按照事件的原始顺序去讲述，正如伯纳德所说，"讲述一个编年体的故事，而不是编年体本身"[①]。

好的时间安排会与信息处理相结合，通过压缩和延展时间来调节叙事的侧重，通过倒叙、插叙、遮蔽信息、埋伏情节等方式，围绕主题制造出迂回曲折的故事链，让原本自然流淌的事件变成一个有着悬念开始、精彩过程和出乎意料结尾的屏幕故事，并留精彩于最后。

---

① 希拉·科伦·伯纳德:《纪录片也要讲故事》（第 2 版），孙红云译，世界图书出版公司，2000，第 79 页。

7. 解说的追求 ▶▶

　　解说作为纪录片常用的表述手段，既是一种无奈，也是一种特色。之所以说无奈，是因为很多纪录片并不能够完全依靠人物之间的对话和行为来交代清楚必要的信息以及串联起完整的故事结构，这个时候就必须依靠解说来完成这个任务。比如中央电视台的《创新中国·能源》，就为我们展现了一个好的解说范本。

　　A.画面：节目开始是一组工人拣放鸡蛋的镜头，从特写到全景。

　　如果单看画面，观众只能得出有人在拣放鸡蛋的信息，至于这些人是干什么的、在哪里、拣多少、干什么用，观众则无从知晓，而解说词就提供了这些观众想要知道的信息。

解说词："孵化厂的工人每天要经手上万枚鸡蛋。"

B.画面：运送鸡蛋到孵化器的过程。

解说词："蛋变成鸡，需要在孵化器里经历21天的时间。"

这里面解说词又交代了两个重要信息：孵化器、21天。

C.画面：打开孵化器的大门，里面全是刚孵化出的小鸡，运输车行驶在山间公路。

解说词："这些刚孵化出来的小鸡，将被送往40公里外的武夷山脉的深处。"

D.画面：航拍公路运输车辆，道路两边是农田，运输车到达目的地，开车门，卸车，工人运鸡苗。

单看这些画面，观众只是知道运输车经过了某个地方，并到达了某个需要鸡苗的地方，其他的信息都不知道，而与解说词相结合后，相关的信息便一下子立体起来了。

解说词："福建省光泽县，不仅是福建重要的粮仓，也是全国最大的白羽肉鸡饲养基地。一辆标准的运送车，每一趟可以承运 3 万只苗鸡，每一只鸡从出生到运达养鸡场，不会超过一小时。"

E. 画面：鸡舍和遍地苗鸡。

解说词："面积将近 2000 平方米的鸡舍，将是 3 万只小鸡的家。"

F. 画面：航拍鸡舍，山区鸡舍的大远景。

解说词："在光泽县和临近的县市，一模一样的鸡舍还有 1600 个，一共 5 亿只鸡。"

在这不到 180 个字的解说词中，解说词与画面密切结合，引领观众进入了故事的情境当中，并且赋予了内容以简洁优美的气质，而接下来解说词要推动内容的发展了。

G. 画面：渐次点亮的鸡舍灯光，以从大全景到特写的方式，将人们的注意力牵引到了小鸡出栏之后留下的粪便上，清粪车进鸡舍清理堆积如山的粪便。

解说词："即便是亚洲最专业的养殖基地，也不敢轻视的问题就是粪便。一只鸡从破壳到出栏，42 天的时间里，将会产生 4 公斤的粪便，5 亿只带来的，是一个天文数字。"

42 天，5 亿只小鸡，每只 4 公斤的粪便，这些数字冲击着人们的心理数值，而接下来铲车在堆积如山的鸡粪中作业以及航拍的鸡粪车川流不息运输的画面，更是增强了天量鸡粪的视觉冲击。这个时候，解说词又恰当地对画面信息进行了补充和引导，使情节又往前推进了一步。

解说词："一栋鸡舍里，3万只鸡产生的100吨鸡粪，必须一次性清理完成。传统的处理方法是将鸡粪制作成肥料出售，而光泽县根本无法消纳如此大量的鸡粪。"

作为一种为画面写作的艺术，解说的任务首先是提供那些画面无法传递的重要信息，这些信息要起到推动故事发展、澄清和解释画面内容，以及缝合与连接段落画面的作用。其次，解说还要构建起结构之间的逻辑关系，让观众的思维自然而然地跳转到接下来的叙事段落中。比如在说到光泽县鸡粪靠传统方式处理不了后，自然而然就引出了对环境的压力，如果污染了闽江上游，对整个中国东南地区的流域将造成毁灭性的灾难，那该怎么办呢？这就顺理成章地引出了接下来要说的鸡粪焚烧发电的段落，而片子接下来关于煤电、光电、水电、风电等的讲述，也是依照这样的方式进行的。

之所以是特色，是因为解说与画面相配合，形成了一种新的美学体验。解说不只是起到了画面内容的引导、解释和说明作用，更体现出作者的见识水平和审美趣味，它可以影响纪录片的节奏和韵律，也为纪录片风格与个性的形成确定了基调。比如《失落的文明·希腊辉煌时刻》的开篇解说："古代希腊的城邦都具有高度的竞争力，但人们总是能预计一个城邦能赢，而且它也常常获胜，那就是强大、出色、勇猛的城邦，雅典。"虽然这是翻译之后的文字，但人们仍然能感受到扑面而来的雄健之气与豪迈之感，而画面的处理也呼应了这种力量，它没有拘泥于写实的再现，而是用当代希腊赛马比赛来贯穿：骑手跑过街道，人们欢呼观战，最终一个骑手赢了，挥鞭策马跑过镜头的画面叠映出古雅典战士的浮雕头像，然后再叠映出标有雅典字样的古希腊地图，整个过程一气呵成，酣畅淋漓，给人以强烈的意蕴之美。所以有追求的解说应该在完成说明性任务的前提下，尽力拓展认知深度和审美旨趣，其实说来说去还是那个最根本的道理，最终决定你解说词写作水平高下的，不是技巧，而是见地。

爆款揭秘

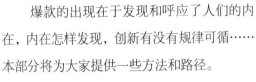

　　爆款的出现在于发现和呼应了人们的内在，内在怎样发现，创新有没有规律可循……本部分将为大家提供一些方法和路径。

1. 发现内在、解放内在 ▶

对于内容生产者来说，一个根本的问题是，我们不停地进行着内容创新、形式创新，以及借助科技力量进行传播方式和应用场景的创新，目的是什么？答案只有一个，那就是不断建构起更为有效的秩序和途径，发现并解放我们的内在。

何谓我们的内在？就是深藏于我们内心的好奇与希冀、疑虑与恐惧、需求与欲望，它们始终存在，总被呼唤，但又总是处在混沌之中，以至于人们并不能够将它们清晰而具体地描述出来，一旦它们被发掘出来，就会让人们产生由衷的喜悦，并迅速成为广受欢迎的"爆款"，释放出巨大的能量。微博、微信、抖音、头条的流行是这个原因，《朗读者》《奇葩说》和李子柒，以及曾经的《中国好声音》《超级女声》也是这样。

不管对内在的发掘和释放多么到位，它都只是阶段性的产物。人们对内在的探寻永无止境，社会发展和技术变革也无时无刻不在影响着内在的兴味和走向，那种认为某类题材做尽了的观点既武断又无知，结果也总是被打脸。比如多年前当各大电视台都纷纷断言综艺节目的内容和表现形式都做到头了，再做综艺只能是死路一条时，湖南卫视的《快乐大本营》横空出世；当电视征婚已经被人们认定是垃圾题材、避之唯恐不及之时，江苏卫视的《非诚勿扰》又受到全民热捧，并带动起了一大批同类节目的流行。所以，对于内容生产和创新来讲，永远不存在做尽了的题材和说尽了话题，只有不断丰富的维度和角度。就好比爱情故事，虽然千百年来层出不穷，但如今我们依然会被新的爱情故事感染和打动的原因，就是这些故事能够带给我们新的感受和启发。所以，提升创作者对事物的认识和理解能力，是内容创新的根本路径，这当中当然也包括创新方法的认知升级。

2. 打破成见 ▶▶

内容创新最可贵的是要发现和呼应我们的内在，但很多时候内在被发现时，却因为人们的刻板印象不被重视或看好，比如曾经的《思想家》这个节目。

20世纪70年代，BBC主持人布莱恩·麦基在电视中对以赛亚·伯林、马尔库塞等15位哲学大师进行了访谈，并将节目命名为《思想家》。虽然BBC高层在审看这个节目时，也被精彩的内容所吸引，但却并不妨碍他们判定这个节目没有前途，原因是这种人头切人头的访谈根本不是他们心中电视节目应有的样子，哲学话题也会让观众避之不及，他们认为电视的魅力在于影像表达，而不是直接去说，对谈的方式只会让人昏昏欲睡。让他们没想到的是，《思想家》播出后，受到了空前欢迎，人物访谈也逐渐成了电视最主流的节目形态之一。

现在来看，当时 BBC 高层无论是对影像的理解，还是对电视节目的定义都存在着局限性。首先从影像表达来说，好与不好、精彩与否主要取决于影像表达是否可以准确生动地呈现出必要的状态，对于访谈来说，那种能直接呈现神情状态、反映交谈双方话语机锋的影像当然是最动人的。

其次从媒介属性来讲，那种认为电视是视觉媒体的看法当然是错误的，电视从来都是视听媒体，并且绝大多数时候驱动内容发展的是声音（解说、对话等）而不是画面。这一是因为诸如新闻、纪录片和专栏节目，它们的意义表达是由语言决定的，还有就是相对于电影，当时的电视影像清晰度较低，屏幕也非常小，这就与在大银幕上用演绎的方式，由概览向细节推移的电影化表达不同，电视往往要用归纳的方式，将一组组较小景别的画面组合起来形成视觉上的逻辑，而这种逻辑就必须依靠声音来统摄。所以在电视中，单靠影像常常是不能够说清楚一个内容的，比如我们关掉电视声音只看画面，哪怕是指向性很强的表达，想要精确地了解具体说了什么也较为困难，而反过来，只听声音不看画面，则要容易得多。所以，在节目中片面地强调视觉对故事的作用而忽视声音，是一种倒错的认知。

第三从操作层面上讲，BBC 高层们的那些担心也都可以从技术层面加以化解：首先，谁在说很重要，这些哲学大师都是当代思想皇冠上的明珠，他们的很多见解早已对社会和个人产生了深刻影响，这些人走出书斋，在当时还是较为时尚的电视中抛头露面，天然具有关注度。其次，说什么也很重要，对于构建意义秩序来讲，还有谁会比这些哲学大师们更能带给人们有价值的思想启示，又有什么方式比面对面交流更能收获他们的主张呢？人们迫切需要借鉴他人的有益故事来作为自己的生命参照，而人的本性也建构在真实的情感交流和与他人的真诚对话当中。最后，就具体表达来说，画面单一那就增强镜头调度和场景设计，哲学抽象那就在具体化上下功夫，用具体的现实问题做切入等，只要你打开思维，一切皆可有趣，一切也皆可大众，这也是现在《奇葩说》《圆桌派》《局部》等靠说为主的视频节目受到欢迎的原因。

　　说这个事情的根本用意在于，通过反思 BBC 高层的成见，来使我们自己更加清晰地知道对于内容来讲，什么才是最重要的，对一些我们暂时还不习惯的形式和手段，我们应以一个什么样的姿态去对待，而不是用既有的观念去对它们进行价值判断和声讨。就如有声电影出现时，由于无声电影的影像呈现和表演体系已经发展得十分成熟，很多人就认为只有无声电影才是艺术，有声电影不是一样，这种基于狭隘视野上的观念都是经不住推敲的。

3. 内容的分层 ▶▶

毫无疑问，越是能深入触及人们内在的故事越会受到欢迎。总体上讲，在说清楚事情的前提下，我们可以依据其对内在的触碰程度，将内容分为深浅两个层次，浅层次的内容是基于人们的显性需求产生的，深层次则源于隐性需求。

先说浅层次。层次之所以浅，是因为下面这三个原因：

A. 来源浅。浅层次内容来自生活中直接的、显性的需要，满足的是人们最实用的信息需求，如果生活中缺少这些信息，人们就会感到不便。比如某个地方出现了灾情，记者就要去报道，以回应人们的关切；大家对旅游感兴趣，介绍风土人情的节目就会出现；人们在日常生活中会遇到各种各样的小难题小麻烦，生活小窍门之类的节目就会给你提供简单实用的解决方法等。这类需求由于它的直接性，很容易被内容生产者捕捉并快速实现，但其实质是一种信息采集上的代工，是内容生产者领受了受众的意图和指令，替他们采集和制作出了他们想要的内容而已，这样的东西当然不能带给受众更多预期之外的欣喜。

B.用意浅。这个层面的内容大多停留在对信息表层（现象、结果以及外在过程）的告知和介绍上，关注的是信息的外貌，它可以告诉人们有这么一件事情存在或发生，却无法为你揭示和解读事件内部更深层次的背景和逻辑，无法深入到信息的内核，而这些更深层的关联显然更为重要，因为它关乎人们对世界的理解，人们只有搞清楚了这些内在关联，才能看懂世界、观照自己。

C.认知浅。浅层次的内容是对既有认识的因循，因此无法在认知边界上给受众带来突破和拓展，内容表现也多是套路循环。还是拿吃举例子，比方面对一种食材，浅层次思维的人会本能地将目光放置在食材特性和制作方法上，这种着力方向无论你用什么方法和手段去做内容，都逃不脱好吃、营养的范畴，这不是说这样的内容不好，它当然有意义而且被需要，但是它却没有突破人们对此类内容的习惯性认知和想象，因而也就无法带给人们更深广的智慧启发和情感撞击。

而深层次的内容则不是这样，它之所以深，也是基于这三个方面：

A. 来源深。深层次的内容不再局限于对显性需求的简单回应，作为问题的提出者，要对人们的隐性需求设置题目，而做内容其实就是出题目和解题目的过程。我们所说的隐性需求，具体来讲就是那些深藏于人们内心、尚未发掘或自身没有足够能力去提取的内在渴望，是人们想表达却表达不清、想梳理却梳理不明的混沌心结，人们之所以无力表达，是因为在既有的认知习惯和思维框架下，无法将这些偶一闪现却无法名状的游思深化和整理出恰当的秩序意义出来，而对它们进行提炼和深化，正是有追求的内容创作者的天然使命。

B. 用意深。深层次内容是对事物形成原因及其内在规律的发掘，是知外向内、见微知著，它不仅要告诉你是什么，更要让你知道为什么、怎么办，最终实现对人的关怀。这就超越了信息的工具意义和使用功能，触及到了人们更深层次的内心，因此带给人们的收获和满足也是巨大的。比如现在除了简单的事件报道外，更多带有链接、解读性质的内容越来越被需要，也是这个原因。

C. 认知深。深层次的内容既是对人们既有知识和经验的突破，也是对人们习以为常的观念和概念的重新审视与定义，由于它是建立在对事物更深程度的认知和思考之上的，因此即便是寻常的情境，也能提炼出不同的内涵和况味出来。比如《舌尖上的中国》系列，虽然面对的都是人们熟悉的平常之物，但编导的目光却并没有停留在那些表面的信息上，而是通过食材的种植和获取看到了社会组织形态，从烹饪和加工看到了饮食偏好和地域性格，从餐饮习俗看到了生活方式和文化传承等。一方水土养一方人，在《舌尖》编导的眼中，食物不再只是满足人们口腹之欲的物质存在，更是反映命运际遇与生活变迁的专门介质。借助这个介质，编导们看到了深藏于食物之中的希望与梦想、挣扎和努力。它们如此普遍却未被发掘、如此强烈却未被重视，当《舌尖》用恰当的途径将它们展现出来时，自然就唤醒了人们对乡愁、对亲情的内在情感，受到追捧也是必然的事。

深层次内容是一个由身到心再到情的过程，这种进入精神和情感层面的内容，相比起那些物性层面的功能性信息，是更能汇聚起关注的，这是因为功能性的信息往往指向性太强。比如有人要是对做饭不感兴趣，这类节目就基本不会去看，可一旦关于食物的某个话题触动了他们的精神和情感，那情况就不一样了。陈晓卿在谈到纪录片《风味人间》的创作初衷时就表示，他内心并不认为这是一个美食纪录片，而是他觉得现在这个时代走得太快了，以至于人们忘记了从前是怎样生活的，他希望用一种美味的方式，给大家看一下从前的多样性的生活。因此《风味人间》在选择食物以及附着于食物上的生活方式时，都是挑那些已经或正在被打碎的从前，比如即将消逝的游牧生活和他们的食物、台湾的镖旗鱼等，而这些被忽略甚至是丢弃了的记忆，在重新找回它的价值和意义时，往往就会触动更多人的心弦。

所以，无论从哪个方面去讲，有追求的内容创作者都应该有意识地去进行深层创作的努力。深层就意味着挖掘和创新，意味着内容、形式和表达上的突破。创新之所以被推崇，就在于它能够打破既有的思维局限，用新的认知体验将人们的内在需求引导和解放出来。

4. 概念的探问 ▶

　　创新说白了，就是产生新连接、构建新秩序、生成新意义、带来新体验。其中，新连接是根本，而新连接产生的前提，是源自对既有概念的拓展、突破乃至重新定义。

　　概念是人们定位和认识事物的前提，人们的观念就是由概念以及基于概念之上生成的逻辑和秩序产生的。概念在给事物下定义、贴标签，赋予它们具体含义的同时，也局限着人们的眼界和想法，让人们在已有的框架内打转转，难以看到新的可能性。而创新就是看到新可能，再将它们连接成新的意义秩序的过程。当我们回归创新的本源时就会发现，尽管围绕着创新有各种说法，但归根结底还是对概念的理解与突破问题，这就要求我们把握住以下两点：

一是要对既有概念进行准确而全面的理解。之所以这样说，是因为在很多时候，由于约定俗成的原因，很多概念或定义被狭隘地理解，而这些被狭隘理解的概念又都关联着它们的具体使用场景，因此创作思路就很容易被绑死在这些场景中。而假如我们对概念的能指和所指稍微进行一下探究，就会发现很多概念并不是我们习惯认为的那个样子。

2017 年，中央电视台的《朗读者》刚一开播就风靡全国，这是一个以朗读为媒，连接起朗读者个人际遇和人生追求的文化情感类节目。这当中，朗读既是一个标志性符号，也是内容连接的纽带。不管是朗读前主持人的铺陈、纪录片的介绍和朗读者的访谈，还是朗读后学者专家对朗读的作品及作者的介绍和评点，都是为了更好地增加仪式感，烘托和延续朗读的力量。同时，被朗读的作品作为一种精神引领，也统摄了这一环节相关表达的主题，让中心更加突出。人们之所以喜爱《朗读者》，是因为用朗读牵引出来的个体经历和情感起伏让他们受到感召，使深藏于心的某些内在找到了呼应的途径，而由节目道具衍生出来的朗读亭，也在一些城市成为人们表达情感的理想之所。

那么，是不是朗读这种方式天然地具有超强的吸引力和关注度呢？如果是的话，那为什么央视十几年前的《子午书简》，读的是差不多的文章，请的也都是颇具关注度的主持人和演员，也有作品和作者的相关介绍，却都一直缺少影响，最后在越来越收窄的受众群中日渐萎缩了呢？

问题出在创作者如何看待朗读这个概念上。作为一种把文字转化为有声语言的创造性活动，朗读的本质属性是传递信息、传情达意，艺术欣赏只是它的一个应用场景。既然是传情达意，那就会有非常多的使用场景和应用可能，连接的方式也可以多种多样，但是由于约定俗成的原因，相当多的创作者习惯性地只把朗读当作一种声音艺术的呈现形式去对待，这就让字正腔圆、声情并茂成了标准，并且一切表现也都围绕着怎样更充分地从艺术欣赏的角度去展开，即便是进行一些形式上的创新，比如朗读选秀、朗读大赛等，其实也还是延续着这条老路，产生不了真正具有新意的突破。而在《朗读者》中，朗读这个行为却成了一种介质、一种见证、一个激发，它的目的是撬动和连接起来自五湖四海的故事和情感，让它们在《朗读者》这样一个万众瞩目的殿堂中盛放，这就超越了朗读的欣赏功能，产生了更为广泛的社会意义，同时也激发了各种表现手段的产生和运用。比如《朗读者》就采用了访谈区、朗诵区、观众区和纪录片这四个不同的时空去交错地营造特定的情境，极大地增强了内容的感染力。

　　二是去标签化，让事物回归本源。这是看清事物实质的重要方法，当事物回归原貌时，曾经被遮蔽的可能性才会显露出来，也才有可能带来认知上新突破。

　　考古纪录片《失落的文明》，曾经因为用情景再现的方法表现古代生活场景而引发了人们的争议，其扮演的方式有违之前人们对纪录片真实性的理解，纪录片应该是客观记录的，是非虚构的，你找一些演员虚构一些场景去扮演算咋回事？其实这就涉及人们怎样看待客观与真实，怎样定义纪录片的问题。我们知道任何概念或定义都是一定认知阶段的产物，自觉地对它们进行探问和溯源，对于更好地厘清这些概念是有帮助的，而一旦搞清了这些根本问题，就会突破一些创作屏障，让新的生产力得以释放。毕竟定义本身松动了，那些在它之上建筑起来的逻辑和意义也会随之松动，这就让新观念、新想法的产生有了可能。《失落的文明》就是如此，在有据可考的历史事件前提下，创作者采用再现的方式去呈现古代的生产与生活情境，既尊重了基本史实，又丰富了视听表现手段，使纪录片更富观赏性和市场价值。这其实是一种高明的创新，它不仅拓展了纪录片的表现手法，也让人们对"真实"的理解更加深入。

5. 创新的细分

　　创新作为一种具体的创作实践活动，实际上包含了三个层次的内容：一是题材的创新，二是形制的创新，三是具体选题和内容主题的创新。

　　一是题材的创新。题材就是你所要表现的内容领域，比如是工业还是文化，是科技还是财经等，题材的意义在于为内容归类，从而潜移默化地影响着具体创作的思维和走向。所以我们说，内容创新的根本是题材的创新和拓展，它可以为新内容的产生开辟出新空间。比如中央电视台的《国家宝藏》被定义为文博探索类节目，

《朗读者》被定义为文化情感类节目，就是突破了既有题材设置的限定，让之前没有关联的领域产生了关联，在让人耳目一新的同时，也带动了全国各地一系列相关节目的产生。

传统的内容题材通常是从既有的社会分工和人群划分入手的，比如财经、科技、法治、老年、妇女、儿童等，其内容多为实用性、功能性的知识和信息，是一种纵向划定。它总体上割断了彼此间的联系，并不适合具有通感性质的内容产生。比如马斯洛的五种需求，在以往的题材划定中就难有呈现，因为这种人类通感的东西往往是超越行业和年龄界限的，是另一种思维方法和思考维度，所以现在新兴媒体越来越愿意从这个层面去对内心情感与情绪需求进行分层和细化，奇观、颜值、暖心、搞笑等内容的大量出现，其实就是创作者自觉不自觉地在向这个方面靠拢的结果，它打破了身份、职业的限制，用人们共通的、底层性的需求将以往纵向的题材区隔打通，因而更适合展示和表达自我，受欢迎也是必然的。

不管是哪种类型的题材划定，要想创新，就必须满足细分和连接这两个要素。细分是指在概念清晰的基础上对题材进行持续的细化，之所以强调概念清晰，是因为我们平常在用概念指称时，往往并不十分明确这个称呼的含义以及组成这个概念的诸多要素之间的关系。比如最近常说的"内卷化"这个概念，好多人就一知半解，这就让创作者对很多事物的认知处在一个模糊阶段，似是而非，似有还无，很多东西深入不下去。而如果厘清概念，探究根本，将认识细化下去，就必然产生更多可待表达的空间，同时也会有更多的连接机会浮现出来。有经验的创作者都曾有过这样的体会，很多内容在没有被细分和整合之前，感觉已经做到了头，可是在细分之后，一下子又涌现出了许多内容空间，并产生了更多组合的可能。

所有的连接和整合都是建立在"实"和"细"的基础上，没有了这两个抓手，一切都是空谈。而对于细分和连接，创作者唯一要思考的问题就是，你定义和划分这些题材的依据是什么，它在逻辑上成立吗？连接起来是否可以构成一个自洽的秩序意义，会给人们带来新的感受和启发吗？如果是，那就去做吧！

二是形制的创新。形制包括了节目形态、技术手段等有助于内容呈现的路径和方法，形制的意义在于为内容表达提供合适的契机和场景，同时新的技术应用和表现形态也会催生新内容的产生。

比如《奇葩说》的节目形态，就是以戏谑的方式，让极富才能与个性的选手就看似奇葩的问题，如向恋人隐瞒自己富好还是穷好等，进行最严肃的论辩。这种以消解严肃的方式去进行严肃讨论的模式，是《奇葩说》的灵魂所在，如果脱离开这种基本设计，相关的场景和互动就不能产生。

同样，技术应用的进步也是如此，它让之前受到技术条件制约的想象力释放出来，在技术层面催生出新内容和新表现。比如《航拍中国》，就是在无人机广泛应用之后产生出来的创意。再比如随着 VR 的成熟，5G 和全域式信息采集商用的实现，节目的角度和视野也不再受到限制，这样就改变了传统视听你给我看什么，我就只能看什么的被动情况，在同一个节目中，人们可以随心所欲地选择他想看到的角度和内容。比如虽然《奇葩说》黄执中正在发言，主画面也是黄执中，但我更想看到此时颜如晶在台下的反应，那么在技术条件的支持下，我就可以同步看到颜如晶的画面，而不是你切给我什么画面，我就不得不看什么画面。如此种种，当然会对内容的创意和生产带来影响。

其实，这种由于技术原因带来的内容与形式上的创新，只是科技进步在微观层面的体现，宏观来看，技术发展所带来的传播环境与传受关系的改变，比如网络与数字化，才是深刻影响信息生产与获取方式的决定性力量，同时也必然影响着具体内容的生产。比如移动互联网背景下的短视频，就是完全不同于传统电视短节目的两个物种，把握不了其中的精髓，就一定会失败。这方面的话题我们后面会有涉及，这里就不多述。

第三是具体选题和内容主题的创新。对事物精微细致的体察和理解是通往深刻的前提，只有认知上去了，才能看到别人看不到的问题，发现别人发现不了的意义，从而更有效地击中人们的内心。比如电影《寻梦环游记》，主题就是当世界上再没有人记得你时，你的灵魂就彻底死了;《龙三和他的七人党》，通过老年黑帮的挫折遭遇，让人们强烈地感受到了一个人还活着，可是你的时代已经没有了这样的现实无奈，这在老龄化人口愈加普遍的今天，尤其会触发人们的感慨，它们是一般人想不到或想不深的，你提炼出来了，自然就打动了人心。

6. 制造爆款 ▶▶

爆款的出现，反映了当下视听内容市场的一个现实，那就是人们的注意力越来越向头部集中，非爆款的生存空间越来越被挤压。

爆款之所以爆，首先是因为它能发现和回应人们的真实关切，满足人们的潜在需求，它首先是基于题材和见解而言的。比如 2005 年的《超级女声》，其实就是打破了之前电视歌手大赛加诸在参赛者身上的身份、唱法、组织推荐等条件限制，以"想唱就唱，唱得响亮"为宗旨，不问地域身份，只要有歌唱的梦想，都可以报名参加，这就极大地释放了那些想唱、会唱，但没有机会登堂入室的人们的参与热情，也契合了当时社会追逐个性、表达自我的情绪思潮。而整个选秀过程中高话题性、高参与度的议程设置（如个性化的评委点评、短信投票、PK赛、复活赛等）也让观众的参与热情空前提高。因为之前的歌唱比赛，观众即便是有见解，也没有渠道去主张，只能在家里想象自己是评委，而《超级女声》则让观众的喜好变成了影响选手命运的选票，这让观众的表达欲和话语权也得了满足。这两股力量交汇到一起，就把《超级女声》变成了一场声势浩大的选秀运动，开创了中国电视全民选秀的先河。

其次是呈现方式与表现手段要带给人们新感觉。呈现方式与表现手段是建立在对事物见解的基础上的，你的见解有多深刻，呈现便也会多新颖。很多时候，同样的题材内容，你换一种方式或语态处理，人们的关注度就会上升很多，这其实不是表现技巧的问题，而是恰好这种表达深化了你对事物的见解，更有效地触及了人们的内心所致，只不过创作者还没有意识到而已。比如抖音号"仙女酵母"，最开始是用表演的方式演绎一些情感情境，遇到流量瓶颈后，就改为接听电话回答一些比较"搞"的问题来博眼球，流量就迅速上升。现在这种打电话的方式也出现了流量瓶颈，下一步该如何改进，就看作者能不能再在有意或无意之间触碰到令粉丝真正心动的表达了。

对很多传统媒体的专业视频生产者来说，打造爆款的阻碍在于他们的喜好偏向与社会现实需求之间的脱节，比如他们似乎更愿意把力气花在那些能够显示其专业能力的制作上，却忽略了对作品内容本身的发掘，生产出来的也大多是一些精致却无趣的作品。其实无论什么内容，是否受到欢迎的根本原因就是能不能发现人们的真实关切，能不能回应人们的真实关切，发现不了，回应不了，一切都是白扯，制作再炫酷也无济于事。早期的《东方时空》《罗辑思维》《奇葩说》等，就制作来讲都很简单，但并不妨碍它们触及了人们的内在而广受欢迎；抖音之所以大火，也是因为它在全民视频时代给人们提供了恰当的模式和平台，呼应了人们的自我展示需求。

笔者曾在很多电视台的内部培训中发现了一个有意思的现象，那就是只要跟影像表现有关的，参加者就会很多，而其他领域的内容，即便是主讲人很有名气，参与的人数也不是很多。这其实从侧面反映出了很多传统主流媒体的内容生产者兴趣狭窄、思维钝化的情况，这是需要警惕的。

在节点中起舞

移动互联作为一场革命，对传统的传播形态和传播方式进行了颠覆。节点的意义是什么？网红的实质又是什么？传统主流媒体如何在互联网的环境中转换观念，在内容生产和传播上更好地发挥主导作用呢？

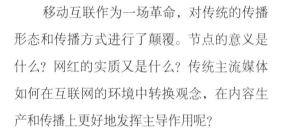

1. 节点的诱惑 ▶▶

任何媒介的兴衰都受制于应用场景的变化，电视的式微之所以是一种必然，是因为在新媒体的信息生产与传播已成主流的情况下，基于传统传播观念（高位传播、精英表达）生产出来的节目，或者是选题、视角、手法等与移动互联网环境下人们的旨趣喜好存在差异，或者是虽有契合，但电视已然不是人们观看电视节目的第一渠道，越来越多的节目内容是通过社交媒体获取的。这种信息第一落点的迁移，不仅让新媒体拥有了更加广泛的社会影响力和内容控制权，也强有力地改变着人们的信息使用习惯和认知世界的方式，进而潜移默化地对社会关系和组织结构进行塑造。

截至 2020 年 12 月，我国互联网普及率达 70.4%，网民规模 9.89 亿，这当中，手机上网的比例占 99.7%，为 9.86 亿，[①]信息传播已经移动互联网化。我们知道，互联网化的信息传播与以往的最大不同在于，其节点式的传播特性既赋予了传统传授关系中的受者与传者同等的信息采集、发布与评论控制的权力，又能够影响传者的信息扩散能力，让传受关系更趋平等。而基于互联网背景下的技术与非技术创新诞生的各类新兴媒体，比如微博、微信、客户端、公众号、短视频和直播平台、自媒体、微动漫、Vlog、轻 VR 等，由于在功能上更具兼容性，操作门槛也简单方便，让普通人也具有了内容制作与发布的条件，这就极大消解了专业与业余、个体与机构、传者与受者的边界，让人人都有麦克风、人人都是自媒体成为现实。这当中，由于手机视频比文字编写门槛更低，比如一个不会写文章的人也可以拍摄一段视频发布到网上，而如果他的这段视频恰巧引发了大家的关注，让人们产生了共鸣，那就会有可观的流量，传播力

① 数字来源于第 47 次《中国互联网络发展状况统计报告》。

和影响力甚至可以超出一个专业媒体的精良之作。

　　互联网的革命之处，就在于它打破了大众传播时代的信息权力格局，颠覆了传统媒体高位传播、一站式到达的信息传播模式，其影响力和传播力来自于人们的不断聚集和扩散。比如微信公众号，谁关注了你，谁就能看到你的信息，谁对你的内容有触动、感兴趣，谁就会去转发和扩散。微博也是如此，谁关注了你，谁就能看到你的信息，并且可以"@"别人去进行转发和评论，这样又能够影响别人以及别人的粉丝，由此就建立起了一个个互为节点并广泛连接的信息圈层。在这些圈层中，谁的内容更具话题性和关注度，谁就能获得更多的关注和转发，也就更有影响力，成为互联网中的一个超级节点，产生更多的连接。

2. 网红的实质 ▸▸

　　网红是互联网节点式传播环境下走红的人物或内容，它与传统媒体产生出来的名人、名作品的最大区别在于，传统媒介的名人，比如主持人、明星等，不管多么受欢迎，也不管其自身在节目中所占据的内容份额有多少，个性化特质是否得到了有效显露，本身都是作为机构或节目的符号，或者内容表达的工具存在的，自主性很弱，节目是什么样的定位，他们便要以什么样的面目和姿态出现，于是也便有了新闻主播、综艺主持人、体育主持人等，节目嘉宾也是要完成特定的角色任务，为节目意图服务。这些人成名的根本原因是内容平台的角色给予，人们对他们的认知和希望也总是和他们所扮演的媒体角色捆绑在一起的，其自身难以成为受众发现和表达自我的途径和渠道。而传统媒体生产的内容，本质上是一种权力传播，尽管传统媒体也在想方设法地照顾受众的喜好与需求，但媒体的职责使命，高位传播的特性和相对稀缺的内容发布渠道，使得传统媒体很难兼顾受众多元与个性化的需求，并且在以往的媒介环境中，受众也没有干预和影响媒体内容生产的能力。

网红的产生逻辑却和之前不一样。互联网是一种需要传播，网络的互联和互为节点，让所有人都具有了生产信息、发布内容的机会，至于其他人接不接受、传播不传播，则完全取决于别人的需要和态度，哪怕你是万众瞩目的超级明星，如果他不认同你，他也一样可以在他的那个节点上让你通不过，这也就相当于他对你关闭了所有和他连接的通道，而这些通道又和更多的节点相连。反过来如果他需要你，即便你寂寂无闻，这个人的所有连接通道也都对你敞开。在这种环境下，一切皆能传播，一切也皆有迅速蹿红的机会，一切都取决于你和你的内容是否能够真正触及和发现人们的内在。网红不只是李子柒、李佳琦，不只是美食和美妆，有的人是 Excel 高手，有的人写字有绝招，有的高空作业者让观众看到了工作时的视角，同样粉丝庞大。

　　网红的自主与多样性空前释放了人们的表达热情，同时也为平民的快速逆袭提供了机会，不管是哪类网红，其存在的基点都是开启和满足了个体的真实需要，并通过高度的人格化表达加以呈现。这种人格化表达不是扮演出来的，无论网红的是人还是内容，本质上都是个人的能力、见识、态度和世界观的真实显露，他们所以红，是因为他们"能"，这种"能"不是官方赋予的，是他们自己挣来的，是他们将自己的作品或主张，变成了粉丝们重新发现自我、表达自我、塑造自我的方式或参照，并以独特的发现和见解给人们带来新价值。这种意义上的网红目前在主流媒体中还不多见，《环球时报》总编辑胡锡进先生算是一个，他凭借一己之力，在公共议题上发出自己的声音，不管你喜不喜欢，都是一种极具影响力的存在，其海内外个人社交媒体账号的粉丝已远超所属机构，之所以能这样，既是他多年记者和总编辑生涯的能力积淀，也得益于互联网评论领域和方式的拓展。

所以要想孵化网红，首先要开拓新的内容和表达领域，内容打不到人们的痛点和痒点，再努力也白搭，这不是你学几句网络流行词，在语态上故作轻松俏皮所能解决得了的。网红是各种新型内容细分领域催生的结果，它与传统媒体的内容分类有着根本的不同，传统媒体的内容是按照财经、科教、农业、体育、综艺等来划分的，这是一种行业划分，具有隐蔽的社会管理功能。而网络媒体则直接指向了摄影、美食、旅行、美妆、萌宠、搞笑等兴趣范畴，它是基于人性的切实需要。无论是实用、解惑、趣味，还是见识、情感、养眼，都是对个体的细致关照和指导，李永乐、同道大叔、李子柒、李佳琦、一禅小和尚等，就是这些新型内容细分领域的佼佼者。

其次见解要深，表达要独特。网红的土壤是同好的共同体，在这个共同体中，你不厉害、不专业，又不能带动和引导同好们的共同感受，就不会得到人们的认同，成不了意见领袖。

比如美妆带货，李佳琦肯定是完胜央视boys、马云、罗永浩什么的，因为他对这一行研究得足够深入，相比较其他名人，他更加在意自己在这个领域的专业水准和信用，这是他赖以生存的饭碗；而李佳琦的粉丝，对美妆货品的了解程度也可能远胜这些名人，名人背书在这些个圈层里面其实没有多少含金量，名人效应其实也大多是在插科打诨搞气氛。所以对于传统主流媒体来说，孵化网红不要将眼光只停留在主持人的身上，主持人更多的可能只是播音主持、咬字归音这一专项领域的专家，其他领域未必有特别的惊艳之处，大量有着敏锐观察和经验阅历的记者、编辑反倒会有成为某一圈层网红的可能。

第三在内容表达上，要先有意思、后有意义，意义要融于意思之中，而具体、细节和过程通常是产生意思的土壤。高手与庸才的区别只是在于你停留和放大的了什么样的细节和过程。所以要做网红，首先要把自己还原为一个人，从人的基本需求和喜怒哀乐中去对你要传达的内容和形式进行考虑，而不要自觉不自觉地先用概念和意义绑架了自己，传统主流媒体的网红打造更是需要注意这一点。

3. 短视频的逻辑 ▶▶

　　短视频的风行本质上是移动互联时代，以抖音、快手为代表的媒介平台为普罗大众的制作和表达赋能后，人们记录自我、表达自我、实现自我的愿望空前爆发所致的，几十秒到几分钟的视频内容，不需要怎么编辑，用手机简单处理一下就可以发出去，既能表达自我，又能建立社交关系，一不小心还可能成为网红，这种通过网络媒介获得的喜悦感和成就感是普通人之前未曾有过的。当然抖音与快手还是有着明显区别，抖音是舞台，要把最好、最吸引人的内容展示给你，所以抖音平台上的绝大部分视频通常都会反复拍摄、精心制作，追求内容的精彩和制作的效果，它更接近传统媒介的内容策略。而快手是记录，即便是不那么吸引人的内容，也会分得一定的流量，以期吸引和发现旨趣相投的同类，所以它是对社群关系的一种构建，内容只是一种借力的途径，但不管怎样，更具特性和吸引力的内容总是对传播力和影响力的提升有帮助的。

截至 2020 年 12 月，我国网络视频用户规模达 9.27 亿，较 2020 年 3 月增长 7633 万，占网民整体的 93.7%。其中短视频用户规模为 8.73 亿，较 2020 年 3 月增长 1.00 亿，占网民整体的 88.3%。[①] 作为近年来广受欢迎的信息呈现方式，在移动互联时代，短视频实际上已经成了人们获取信息、生活娱乐和表达自我的主要渠道。

需要说明的是，虽然字面上短视频的"短"是相对于长视频的"长"而言的，但两者却是不同传播环境和传播理念下的产物。长视频是基于电视端的，是大众传播，虽然电视节目也在始终讲求贴近性、追求收视效果，但其中心位置、高位传播的性质不会改变。其实之前在电视端也有很多为适应"碎片化"传播而出现的短

---

① 数字来源于第 47 次《中国互联网络发展状况统计报告》

视频节目，比如一些滑稽搞笑的小视频组合等，但都没有形成气候和影响，而真正让短视频火起来、并成为人们主要的信息接收和表达渠道的，还是在移动互联的信息技术支持下，Twitter、Facebook 和微信、微博在手机上的应用。移动通信可以让人们通过手机端不受环境和时间的限制，随时随地浏览信息、发布内容，让碎片化的时间得以充分利用，同时也加剧了信息和时间的碎片化，并且手机屏幕相比较电视大屏幕，也不适合较长视频的观看，于是短视频的需要成为一种必然。而快手、抖音等短视频平台的出现，更是通过技术和模式赋能，让先前受制于视频生产制作技术和发布门槛的普通人具有了便捷的话语权和表达机会，全民抖音、人人快手的意义不只是让普通人找到了展示自我价值的渠道，更是以一种社会潮流的方式让短视频迅速成为人们获取信息的主渠道。

作为当下最具传播力的视频表达形式，主流媒体当然要介入到短视频的创作生产当中，发挥主流价值观的引领力，甚至于在重大事件报道当中起到定音锤和压舱石的作用。问题是要怎么做？在 2020 年的武汉抗疫报道中，中央广播电视总台的新闻新媒体中心（央视新闻）

和视听新媒体中心（央视频）发挥了不可替代的作用，但那是在特定的情境下完成的，在其他更多的时候，主流媒体在短视频领域的竞争中如何才能脱颖而出？

前面说过网红是在移动互联网的环境下，各种新型内容细分领域催生出来的结果，短视频的流行和发展也是如此。与传统媒介对内容的纵向分割、强调社会分工和专业差异不同的是，新型内容细分领域注重的是横向连接，是一种基于共同情感和价值认同之上的打通和破壁。比如在传统的内容认知中，财经和文化通常就被看成是两个平行的领域，甚至同为财经领域，营销和贸易也是各说各话，缺少交集。而其他的门类，比如体育也是如此，足球和篮球、棒球和网球、跳水和赛马互不搭界，专业壁垒森严，这固然满足了特定受众的需要，却也因越来越专精的门槛将更多受众挡在了门外。而在新型内容细分领域中，这些差异却变成了特征和特点，只要能基于兴趣找到打通它们的途径，就可以为内容的呈现和表达提供更多可能性空间，也能为人性的挖掘和探索提供抓手。由此理念出发再看财经领域，可能就不再只会看到各自的行业区隔，也会发现彼此的共性和联。营销和贸易也可以变成一体两面，与人们对美好生活的追求休戚相关。体育竞技的诸多项目和规则，也可以和旅游、探险、文化、励志等诸多领域和主题相结合，形成多维度的文娱空间和内容产生场所，让人们产生各种情感共振和情绪共鸣。喻国明教授说："什么叫温度，温度就是能够破圈的，能够进行横向连接的那些质料，你去研究，所有被称为有温度的东西，都不是传统意义上的精英价值的那种纵向逻辑，而是横向的连接价值。"①因此我们看到，无论是抖音快手还是微信公号和视频号，那些真正上了 10 万 + 的内容几乎都是这种事关人的基本需求和爱好、能产生横向连接能力的话题和内容。这些内容最开始会停留在颜值、奇观、搞笑、炫技、暖心等较为直接而原始的题材上，之后就会迅速进化到知识、解惑、见识、趣味等更具拓展性的层面，而先前的题材领域也不会消失，只不过内容和表现形式不断迭代了而已。

所以主流媒体进军短视频领域，首先要懂得移动互联网环境下短视频流行的基本逻辑，切不可用传统的媒体思维去创作和生产短视频，更不能简单地把传统长视

---

① 北师大新闻传播学院：第三届师范院校新闻传播学科年会议题引出嘉宾速记。

频节目切短了就当作短视频来看待，长视频的精彩部分不是不可以切条做短视频，而是你要重新给这些内容赋予什么样的意义，让它们能基于什么样的因素在人群中间产生横向连接。移动互联网环境下的短视频完全是一个新物种，需要按移动互联网的要求和逻辑对内容和选题进行重构，认知错了，方向错了，视频制作得再精致炫酷也无济于事，因为你根本就摸不着人们的脉。

短视频经过了最初的野蛮生长，越来越需要高水准的内容出现，其策划、拍摄和制作上的高要求往往是普通UGC难以完成的，几十秒和一分钟，一分钟和几分钟、十几分钟，完全不是一个概念，没有受过相关训练的人往往难以驾驭。这个时候包括主流媒体在内的专业视频生产者的优势便凸显了出来，只要创作者懂得互联网短视频的内容细分逻辑，积极拓展和深化横向连接的价值，不管是新内容还是老题材，不管是纪实还是创意，都可能会创作生产出直击人心的短视频作品出来。比如这次新冠疫情中，武汉一家医院的理发员为出院的患者理发，要让他们漂漂亮亮地出院的故事，便传达出了人性的温暖，那张带你看日落的照片更是让无数人泪目，也孵化出了不少相关报道。再比如高颜值谁都喜欢，但要是只停留在颜值展示上，那就比较初级，也构不成故事，而如果你去发掘那些导致颜值产生的做法和过程，比如美容美妆、服装服饰、姿态训练，或者对颜值的内涵进行一下拓展，把一切美的东西都用颜值来概括，那装帧设计、美食美器，甚至是国旗护卫、飞行表演等就都可以纳入进颜值的范畴中来，也会产生无数的发现和故事。再比如奇观，不管是天然的还是人造的，仅展示一下现象就可惜了，告诉人们自然奇观的形成原因，探索自然奇观的各种秘密，或者讲述人造奇观的制造过程，激发人们的想象和创造，都是十分可行的内容产生路径，而且哪个领域不存在奇观呢？从生命救治到航空航天，从纳米微雕到天堑架桥，都是足以打动人心、产生震撼的。所以只要我们思维放得开，观念来得快，就会有无尽的短视频故事可讲。

4. "非内容"的启示 ▶▶

　　移动互联网下的传播环境和技术，让整个社会的媒介化倾向日益明显，也冲破了传统的内容认知格局，让"非内容"领域在内容的产生和传播上有了越来越多的影响力。比如主播带货，围绕着薇娅、李佳琦、罗永浩等人，就源源不断地产生着各种各样的霸屏内容，并时不时地占据着热搜榜的前几位。再比如李子柒等许多社交媒体上的大 V 视频，实际上也不符合对好内容的传统定义。武汉抗疫期间，中央广播电视总台对医护人员救治病患的报道固然引人关注，但各省驰援武汉的医疗队怎么下的火车飞机、怎么上的接送汽车、拿的什么物资和设备、吃的什么饭、穿的什么衣、有多少男性和女性等的直播内容热度却更高，这就不能不让人们在新的传播环境下，对什么是内容，以及人们对媒介内容偏好的产生机制等问题进行思考。

喻国明教授认为，媒介化就是在互联网环境下，人们自觉不自觉地用"媒介的逻辑、媒介的手段、媒介的机制和模式对社会生活重构的过程"①，作为一种广泛的社会发展趋势，它强烈地影响着人们的思想观念和生活方式，并催生了各种各样的产业和需求。对于内容领域来说，它改变了传统上认为内容是信息和精神文化产品的认知，将内容的产生、加工、传播全域化，使之延展成了与线下日常生活并行且相互影响的另一个线上真实生活空间。在这个空间中，内容将不再局限于传统的新闻报道、体育赛事和文化综艺，课堂学习、电商直播、个人的举动和意见等也都可以是内容来源，其产生的信息和行为都是可以被提炼、报道和关注，变成媒介内容的。只要能够引发大家足够的兴趣，任何人都可以成为

---

① 北师大新闻传播学院：第三届师范院校新闻传播学科年会议题引出嘉宾速记。

网红和意见领袖。

在这种环境条件下，人们对内容产品的态度也发生了显著变化，精神文化类产品的既有属性被拉下神坛，内容变成了寻常之物，信息由传播变成了供应，由接收变成了消费，人们也由受众变成了用户，兴趣、社交、乐趣和利益等基于人性基本需要的诉求成为内容消费的主流意愿。内容分发领域也形成了目前的传统媒介、社交媒介和算法媒介共分天下的局面，传统媒介依然提供社会共性信息，是人们了解世界的窗口，社交媒介是天然的意见交换空间，算法媒介专注于信息分发的精准和效率，以多层次地适配人们的内容消费需要。而直播、带货、打赏、短视频等网络内容样态的出现和各种社交圈层的交叉重叠，也对既有的单一内容价值维度提出了挑战。随着媒介功能的多样化，精彩和好看已经不是人们内容需求的唯一标准，附加于内容之上的还有人们的更多欲求，比如快手和其他注重于社交圈层建立的视频平台，很多内容就乏善可陈，但往往就是这些传统意义上缺乏价值的内容，却构建出了一个个同好的圈层，在这里，内容只是社群关系构建的手段，其注重的是各种资源的连接与互动，如果在这种关系场域中还要以传统的价值标准去规划和评判内容，那必然是出力不讨好，因为你的逻辑一开始就错了。

说到底，"非内容"在内容领域的逆袭，根本原因还是它们顺应和满足了人们对于媒介功能的多维度、多层次需要，是媒介技术和传播手段进步之后，媒介的作用和功能不断向人性化层面延伸的必然，而内容只是具体的呈现方式之一。莱文森在《人类历史回放：媒介进化论》里面说，"媒介进化表现出的是越来越符合人类需求和便于人类使用其进行信息交流的倾向"。媒介功能满足人性化需求的空间是无止境的，之前没出现只不过是受当时的技术和社会条件制约所致，一旦条件具备，这种需求是挡不住的。所以，现在的内容从业者一定要认清这个趋势，在进行媒介功能和内容建设时，最应该考虑的就是在现有的媒介使用上，人们还有哪些真实的需求没有被满足和有可能被满足，并循着这条路径去拓展媒介的功能和题材的范围，而不是按照既有的内容逻辑去思考和处理问题，这才是创新的正途。

操瑞青曾归纳过人们对于媒介的三种诉求：第一种是交流，这是基础诉求，是其他诉求的得以存在的保证。第二种是物理诉求，是希望媒介能够跨过时空界限，将预期数量的信息以预期的真实形态送达给受传者，比如口语实现了交流，文字超越了时间，电报跨越了空间，报纸满足了信息数量等，而这些都是为了第三种诉求，也就是心理诉求的满足[①]，人们的心理诉求得不到满足，媒介的功能和内容做得再漂亮也没用。

移动互联网环境下的媒介功能，已经将娱乐、社交与消费打通了，相应的之前专属于这些领域的内容也必将产生各种各样的连接和融合，形成你中有我、我中有你的局面，其目的就是满足人性化需要，这是新时代下的内容产生逻辑。在这个逻辑下，人们会根据各自的兴趣、爱好、受教育程度和具体利益，自发地聚合成各自不同的社群或圈层，并不断地受到所属社群或圈层的影响，出现圈内人兴高采烈、圈外人一头雾水的情况。但是这并不意味着在这些不同的社群或圈层中间无法产生信息、意见和情感的流动，因为不管你的兴趣爱好怎么不同，人性的基本需要和情感情绪却是相通的，这就要看媒介功能和内容的建设者看中什么了，要是你还按照传统的纵向区隔来做事情，强调爱好和口味的不同，那

---

① 操瑞青:《选择媒介:解读媒介进化中的人类需求与技术影响》,《新世界》,2014 年第 7 期。

就会在一个个社群和圈层之间形成壁垒，而如果你注重横向的情感情绪和人类共同价值观的贯通，那就会出现破圈效应，超级内容和超级大 V 就会出现。

5. 主流媒体的应对 ▶▶

　　网络环境中，传统的主流视频媒体必然会受到冲击，虽然他们有政策、资源和生产制作优势，但这些优势最终还是要兑现在内容对用户的吸引力上，媒体融合的本质就是对传统媒体进行互联网化的改造，要在坚持主流价值观的前提下，从互联网的节点思维、网红产生的机制入手，对选题、视角、形态、手法进行互联网化的调整，充分利用账号、频道、频率组成的内容矩阵，最大限度地满足互联网环境中人们的信息需求。为此，传统主流视频媒体应该从几个方面进行思维和观念上的转型。

（1）由宣传思维向传播思维转变

宣传是单向的、高位的，传播是双向的、平等的。某种程度上，宣传是基于目标和任务，是我要让你知道；传播是基于兴趣和喜好，是我想和你分享。互联网的社交性质要求内容生产者先和大家对上话，情感上亲近，语态上接近，即便价值观不同，但也知道对方的关注点在哪里，期盼与顾虑又在何处，然后从我所在的位置和角度，基于我所理解的你的处境和想法，与你分享一些真正打动我的，并且我认为也对你有价值的东西。这些东西可能是你之前想到过，但却没有从更深处挖掘的，那么我拓展了你的深度，或者是你之前没有想到过的层面，那么我拓展了你的广度。这些都会深化内容体验，促成有效传播，进而实现更高层次的说服和引领。

（2）由内容传播向内容服务转变

信息的传播对象从受众到用户，不只是称谓的改变，更是传受关系与信息提供理念的转型。受众是基于大众传播理念来说的，在这种传播模式下，传者始终居于主导地位，受众虽然也有具体的选择偏好，但信息传播的一站式到达让他们对内容生产的影响力微小，对电视台的节目来说就更是如此。虽然电视节目也有收视率、美誉度等指标在反映受众的喜好和态度，但毕竟不如报纸的订户数量那样直接影响生存，而且信息采集发布的资源条件与高昂的成本也仅适合实力雄厚的专业电视机构，媒体的稀少当然会影响内容的供应，也制约了受众的信息需求想象。

而互联网环境下的信息传播格局却不是这样，海量的自媒体以及天量的信息供应让信息的接收者真正拥有了选择的权利，其作为网络节点的扩散与评价能力更是可以左右内容供应商的命运，大众传播时代的传授权力格局就此发生改变：信息接收者由受众变成了用户，成为主导，而内容供应商也必须围绕着用户的需要去提供有针对性的信息服务，以求得更好的生存与发展。

在这种形势下，传统媒体的从业人员在理念上应该完成从内容传播到内容服务的转变，由自觉不觉地彰显传者的能力和影响，向如何关心用户，成就用户的方向上去努力。媒体从业者始终应该明确的一个问题就是，人们之所以需要信息，是希望借助信息更好地理解和把握世界。因此，一切影响其信息传达的形式和表现都会构成对用户的干扰，比如过度的包装和炫技。如果说，在信息不发达的时代，人们对此还没有明显的感受的话，互联网环境下的信息爆炸就让用户空前具有了比对内容和选择内容供应商的权利。谁能为用户着想，谁能更好地成就用户，谁就能发展得更好。这中间的道理也很简单，用户之所以对你有需求，不是因为你多能，他多崇拜你，而是希望你提供的内容能够帮助他更好地理解世界、成就自己，现在的头条、抖音、快手无不是采用这个策略，在成就用户的同时，迅速地壮大了自己。

📹（3）从意义输出向意思分享转变

移动互联网的传播环境让人们对各种有意思、有趣味的视频内容空前青睐，这并不是说之前这样的内容就没有市场，而是在以传者为中心的传播格局下，内容生产更注重意义的输出，并且以节目为基本构成单位的内容模式也要求意义的附着。

互联网普遍赋权、平等互动、广泛参与的传播特性，让用户在内容需求和分发上具有了更多的主动权和主导权，短视频等内容样态的出现，让之前难以构成一个完整节目的视频内容，比如一个动作、一个表情等有了独立传播的可能，只要它让人觉得足够有趣，同样会被广泛转发和关注，形成影响力。在这种情形下，那些基于人性喜好、让人觉得有趣好玩但被传统媒体的意义筛选和传播渠道抑制住了的内容，得以用短视频的方式爆发出来，而抖音、快手等短视频平台又给它们提供了手段和途径，从而推动了全民表达的热潮。

虽然这些主要基于 UGC 提供的短视频内容质量良莠不齐，加之电视台的专业视频制作力量仍然占领着主流视频供应市场上的内容和意义高地，但互联网短视频对更有趣、更有意思的内容的追逐与呈现，已经深深地影响了人们的兴味和选择。

因此，传统主流媒体在新形势下做内容，不要总是去着急地提炼意义、强调意义、传输意义，习惯性地用意义去勾连和说明相关的东西，而是要去发现和记录那些有意思的东西，意思多了，意义自然就会凸显出来。比如前一段时期在抖音大火，并带动微信微博广泛转发与评论的天坛公园健身的大爷大妈，如果你非要假模假式地从那些让人惊叹又捧腹的日常健身动作里提炼出个意义来，那显然是费力不讨好，因为每个看到这些视频的人都会有自己的感受，你所提炼的意义既不能穷尽，也无法代表人们的感受，但它们带给人们的触动却是实实在在的，要不然也不会这么火，其实这才是真正的意义。所以我们说，意义是通过意思自然而然地呈现出来的，而呈现意思的载体则是具体情境下人物的动作、行为、思想等。

那么，什么样的动作、行为、做法才会让人觉得有意思，意思背后的机理是什么呢？在本书前言中，笔者曾谈到故事的精彩与否，取决于作者对事物的认知程度和所能提供给观众的情绪体验强度，并给出了建立在认知心理学上的15%左右这样一个最佳的新旧信息配比值，即85%的内容让你有亲切感，另外15%是改造你的世界观，这中间的奥妙在于你熟悉的东西会让你产生基于逻辑惯性上的预判，但最后的结果却超越了你的预判，产生了一些意想不到的东西，让你有了新的见识和认知，这就会引发人们的愉快，所谓情理之中，意料之外就是这个道理。循着这个道理，我们就可以给一些让人们觉得有意思的东西画个像，比如常规中的意外、寻常中的不寻常、常规中的超常、情境与行为的反差等，以此类推。而优秀的故事之所以好看，其基本的逻辑构成也是如此。

对于正在向新型主流媒体迈进的内容生产者来说，不管是做短视频还是长节目，要想做得好，首要的问题还是你是否具备更强的发现与感知能力，只有你更好地走入社会，与老百姓同呼吸、共命运，真正融入他们的生活，切身体会到他们的喜怒哀乐，才有可能发现更多有意思有价值的东西，才有可能运用你的专业知识与技能，将它们更好地呈现出来。"沾泥土、带露珠、冒热气"不应该只是一句口号，而是要实实在在地践行在实际的内容创作生产中。主流媒体当然要强调作品的意义，但却不要窄化意义的多样化存在，作品的意思够了，意义自然会显现出来。

（4）矫正"精英化"偏好

大众传播时代，传统的电视内容生产制作之所以必然呈现"精英化"的特征，一是因为社会所赋予的教化使命，二是高昂复杂的制作与技术门槛限制了更多人们的进入，使得视频生产成了只有少数专业人员才能够进入的领域，这两种力量相互叠加，就让电视节目具有了注重意义传达和强调技术表现的特征。虽然传统电视节目始终在强调贴近观众，但其固有的兴趣重心和大众喜好之间的偏差始终存在，而影像与文字相比较，又先天具有更强的技术操作性，更容易让人在某个具体的环节上沉迷和投入，于是就常会导致内容与表现上的关系失调，形式大于内容的情况时有发生，这是很多电视节目难以吸引观众的一个重要原因。

互联网环境下的用户思维是对这种倾向的纠偏，由于它是以信息本身的价值含量为关键要素进行传播和扩散的，因此天然就注重内容本身，如果内容缺少吸引力，用户觉得没有意思，你就是制作得再精良也无济于事，这就是为什么很多制作粗粝包装简单的 UGC 作品广受欢迎，而专业机构制作精良包装华丽的视频作品却鲜有人看的原因。

主流媒体从业人员应该正视这种现象，在新型主流媒体的建设过程中，真正做到以人民为中心、以用户为中心，把媒体打造成服务人民和用户的平台，而不是显示自己技能的工具。好作品的标准从来都是内容与表现的高度统一，所谓精品，其实也就是借助于表达之精、手法之精体现出认知之精、思想之精来。人们常说赏心悦目，赏心就是信息价值要打动人心，有了信息价值，内容打动人心了，节目才好看。如果一个作品形式大于内容，体现不出认知高度和智慧光芒，技巧再高、技法再好，也会让人们看不下去。

（5）让情绪有更多的附着之处

任何有效的内容传播都离不开情绪和情感的力量，"后真相""碎片化"的时代就更是如此。有研究表明谣言之所以比真相传播得更快更广，是因为谣言天然地具有引发强烈情绪反应的能力。标题党之所以让人憎恶却又大行其道，是因为它虽然枉顾内容，但刻意提炼出的强烈情绪却能给内容带来流量。微信上很多反智的健康故事之所以能成功地蒙骗大爷大妈甚至是有相当知识层次的人，也是因为这些虚假的健康故事深深地契合了上述人群的情感需要。

互联网环境下，人们对信息的敏感和基于信息链接产生的反应会比先前更强烈，也更有机会去表达个人的意见和感受，主流媒体的内容生产者应该充分重视这些基本态势，在内容生产上将有利于情绪传播、有利于转发和扩散的要素充分考虑进去。具体来说就是要坚持三个转变，即从讲道理向讲故事转变、从集体叙事向个体叙事转变、从宏大话语向民间话语转变，其核心就是强化对人的关注，要围绕着具体的人、具体的事讲具体的故事和感受。所谓大主题、小切口，大是指视野宽阔、思想深邃，小是指事情具体、细节到位，唯其如此，内容才能生动，情感才能附着，也才能够为内容的更广泛传播打下基础。

后 记

　　写作这本书的最初动机是想让自己弄清楚影响视频创作的一些关键性要素，后来给一些领导和同事看时，他们觉得有干货，对实际的生产创作也有启发，这就增强了我继续写下去的信心。

　　视频故事的创作生产不是纸上谈兵，它必须依靠大量的实践才能获得必要的经验和手艺，也才能够建立起视频表达的基本感觉，但如果囿于经验和手艺，知其然不知其所以然，而那些经验和手艺又是建立在对视频创作的一知半解和狭隘认知基础上的，那就自然不利于更多优秀内容和表现形式的产生。因此，对视频创作过程中的一些基本问题进行梳理，厘清一些似是而非的观念和认识，提升创作力，在我看来就是一件有意义的事情。

因为版权的原因，内容涉及的影视作品图片没有收入，不过好在文字上也可读明白，网上资源也可以很容易地找到。

感谢胡正荣教授、总台纪录频道梁红总监、爱奇艺创始人兼 CEO 龚宇博士在百忙之中审看书稿，作为学界和业界领袖，你们的推荐为本书增色。感谢刘淑琴女士、张瑞杰先生、李建刚教授等帮助和支持过我的朋友和同事。

我的邮箱为 1390379920@qq.com，欢迎大家批评交流。

张四新

2021 年春